JN140917

はじめに
関数はエクセル界の「自販機」です！

関数って何？　そう聞かれたら、私は「自販機」みたいなものだと答えます。

自販機では、お金を入れてボタンを押すだけで商品が出てきますね。関数もそれと同じで、計算の種類を選ぶだけで結果がポンと出てきます。複雑な計算は箱の中で行われているので気にしなくていい。それが関数のいいところ。そしてそんなところがまさに自販機なのです。

でも、ＳＵＭとかＩＦとかＡＶＥＲＡＧＥとか…いきなり英語が出てくるせいか、関数は難しいと敬遠してしまう人が多いのも事実です。

営業部の麻衣さんもそんな一人。数字が苦手な麻衣さんは、既刊「マンガで学ぶエクセル」で秘書課の今日子さんからエクセルの指導を受けました。その麻衣さんが、再び今日子さんとタッグを組んで今度は関数に挑戦です。

本書では、「合計」や「平均」など超初級の関数から、ＩＦやＶＬＯＯＫＵＰといった難関の関数までを、マンガと解説の両面から丁寧に紹介しています。

関数は決して難しくなんかありません。さあ、あなたも麻衣さんと一緒にエクセル関数にトライしてみませんか？

２０１９年３月　木村幸子

本書のサンプルデータについて

本書のサンプルデータは下記URLよりダウンロードできます。
また、追加・訂正情報があれば掲載しています。
https://book.mynavi.jp/supportsite/detail/9784839966782.html

目次

第3章 ○○だけ合計など「条件」に合うデータを集計

第4章 コードから対応するデータを自動入力

第5章 名簿などの「文字」を自在に操作

第6章 条件に応じてセルの表示を変えてみる

エピローグ

飲料メーカー『グッドリンコ』
Goodrinko
えええええ〜!
私がですか!?
営業部 江尻《えじり》 麻衣《まい》
いちいち驚きすぎだよ
課長 新田《にった》 伸次《しんじ》
イヤイヤ
驚きますよ!

全員が使う報告フォーマットを私が作るんですよね??
あの森下さんからエクセル習ってマスターしたんだからできるだろ
わきあいあい
課長のイメージ
マスターしてませんからっ!!
とにかく
テストマーケは来月頭には始まるから
それまでに作るように
キッ
そんなあああ

まだエクセルに慣れてきたばかりなのに……
フォーマットって……
無理でしょ
ピロン
伊藤直人
直人クイズ
「おかわり！」を英語で答えよ！
麻衣の彼氏の直人《なおと》だよ
ああ……
こんなときに今日子サマがいてくれたらなぁ
森下今日子はアメリカ出張中
U.S.A.
知らんがな！
ポイッ
なんとか一人でやるしかないか……

Excel
関数
入力
売上
数量
コメント
自動で報告データ作成
売上一覧
こんな感じにしたいけど……
PHONETIC
MAX
RANK.EQ
GET
ありすぎ……
どれ使えばいいのよ……
カッ
カッ
カッ
てか英語もわかんないし……
カッ
もう嫌～っ！
バッサァァ

パンッ
Whoops!
バシーンッ
モノを投げる癖はまだ治ってないようですね
社長秘書
森下《もりした》 今日子《きょうこ》
きよ今日子サマ!!
きゃー
ぎゅむ
はっ
あれ？
どうして日本にいるんですか？
アメリカ出張では…

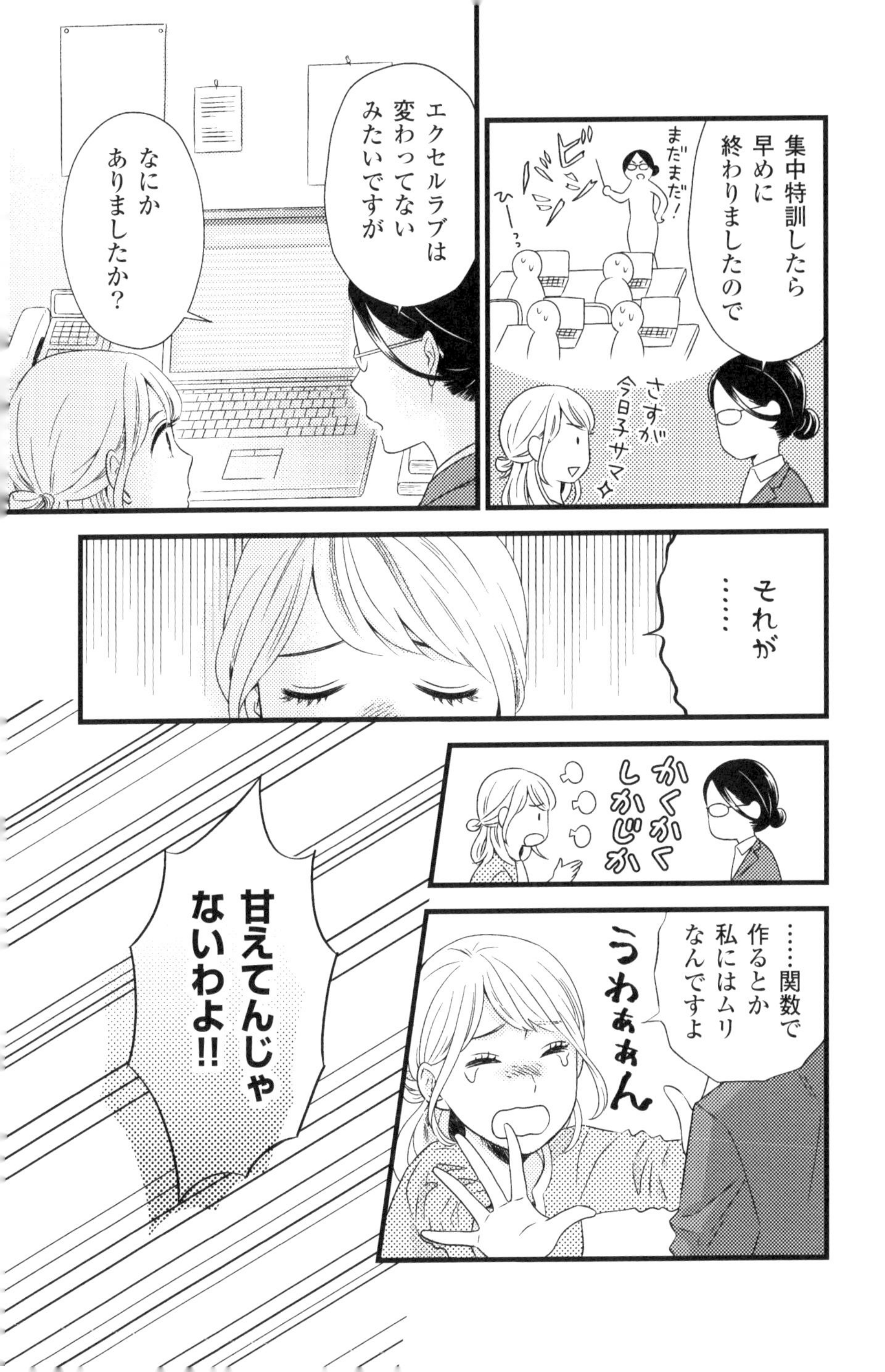
集中特訓したら早めに終わりましたので
まだまだ!
ひーっ
さすが今日子サマ
エクセルラブは変わってないみたいですが
なにかありましたか?
それが……
かくかくしかじか
……関数で作るとか私にはムリなんですよ
うわあぁん
甘えてんじゃないわよ!!

Be independent!
BA AN!!
エクセルの関数はね
エクセルのハート《心臓》なのよ!
HEART
ええ!?
アッ アメリカナイズされてる!!

トンッ
人もエクセルも一番大事なのはここ《ハート》でしょ！
ははい！
なぜか正座
一番大事な関数を学んでエクセルのハートを掴みたくないの？
っ掴みたいです！
こうして今日子による麻衣へのエクセル指導が再び始まったのであった
よし！

登場人物紹介

森下《もりした》 今日子《きょうこ》

入社11年目。飲料メーカー「株式会社グッドリンコ」の秘書室に所属。エクセルに関して超熱狂的なスペシャリストだが、普段はそれを隠して暮らしている。エクセルの教育・研修で海外にも引っぱりだこ。

江尻《えじり》 麻衣《まい》

入社3年目。飲料メーカー「株式会社グッドリンコ」の営業部に所属。明るい性格で真面目な頑張り屋さん。今日子の指導を受け、エクセルラブが芽生えたが…。

新田《にった》 伸次《しんじ》

営業部課長。麻衣の上司。エクセルマスター（?）となった麻衣を信じて仕事を任せている。

伊藤《いとう》 直人《なおと》

麻衣の彼氏。Webデザイナー。ときおり、麻衣にクイズを送って困らせている。

第1章

関数の基本の「き」

関数は
複雑な計算を
簡単にするための
「公式」みたいなもの
いわば
エクセル界の
自販機よ！
じゃん！
Excel Kansu
自販機!?
ぽいっ
アレコレ
計算しないで
関数ボタンで
一発解決！
ピッ
なるほど～
Excel Kansu

関数の基本のカタチはこれよ
スチャッ
関数の基本構造
=関数名(引数《ひきすう》)
例)平均を求める関数
=AVERAGE(B4:F4)
イコールを先頭に書くんですね
こんな風にいちいち計算式を書かなくても
例えば、
B4からF4の平均を計算すると、
=(B2+C2+D2+E2+F2)/5
セルを結合して中央
配置
=(B2+C2+D2+E2+F2)/5
D E F G
1 5月1日 5月2日 5月3日 5月4日 5月5日 平均
2 販売数 58 62 102 130 98
3
4
関数なら公式を選ぶだけでOK
関数でやれば
=AVERAGE(B2:F2)
セルを結合して中央
配置
=AVERAGE(B2:F2)
B C D E F G H
月1日 5月2日 5月3日 5月4日 5月5日 平均
58 62 102 130 98 90
お〜楽チン!
ピーン
だったら!
目標達成率や売上構成比を求める関数を教えてください!

KUWA!!
そんな関数
Nothing!!
あぁ……
ないんだ
ガクッ
残念
そういう場合は
まずは元の計算式を
考えてから
そこへ関数を
当てはめていけば
いいわ
AVERAGE
COUNTIF
SUM
ROUND
RANK.EQ
元の計算式
当てはまる関数
全体の売上実績を
全体の売上目標で
割ればいいのよね
全体の実績 ÷
全体の目標
ブツブツ
……
全体の実績は
足し算の関数か
実績＋実績＋
実績＋…
わかり
ました！
じゃあここで
おさらい！

四則演算は何と何？
四則演算…
えーと…
まい
足し算 引き算 掛け算 割り算！
スチャッ
正解！
＋ － × ÷
よ〜しっ
じゃあ それを並べた時の優先順位は？
どれが優先？
優先順位??
……そんなのありましたっけ？
あったでしょうが!!

四則演算はこの順番よ!!

四則演算の優先順位

先 ↓ 後

- **(　)の中**
- **掛け算と割り算**
- **足し算と引き算**

具体例

$$2\times\overbrace{(\underbrace{4\times5}_{①}+\underbrace{6\div2}_{①})}^{②}-7$$

$$=\underbrace{2\times23}_{③}-7$$

$$=\underbrace{46-7}_{④}$$

$$=39$$

あっ そうだった……!
ヤバッ
キュポッ
これを踏まえて計算式に関数を当てはめると……

目標達成率＝売上/目標
＝SUM(個別売上)/目標

	A	B	C	D	E	F
1	支社別売上一覧					
2		上期実績	下期実績	年間目標	目標達成率	
3	東京	586,232,838	564,185,314	1,120,000,000	102.7%	
4	大阪	458,624,815	436,084,958	897,000,000	99.7%	
5	名古屋	452,761,567	428,583,402	820,000,000	107.5%	
6	福岡	375,693,806	350,746,520	770,000,000	94.3%	
7	合計	1,873,313,026	1,779,600,194	3,607,000,000	101.3%	
8						

※エクセルでは「÷」は「/」、「×」は「＊」で入力だよ！

売上構成比＝個別売上/全体売上
＝SUM(個別売上)/SUM(全体売上)

	A	B	C	D	E
1	支社別売上一覧				
2		上期	下期	売上構成比	
3	東京	586,232,838	564,185,314	31.5%	
4	大阪	458,624,815	436,084,958	24.5%	
5	名古屋	452,761,567	428,583,402	24.1%	
6	福岡	375,693,806	350,746,520	19.9%	
7	合計	1,873,313,026	1,779,600,194		
8					

なるほど
SUMを入れ込むんだ！

そして関数はいちいち自分で書かなくても
簡単に選べてポチッとできる場所があるのよ

それはどこですか!?
ぬおお

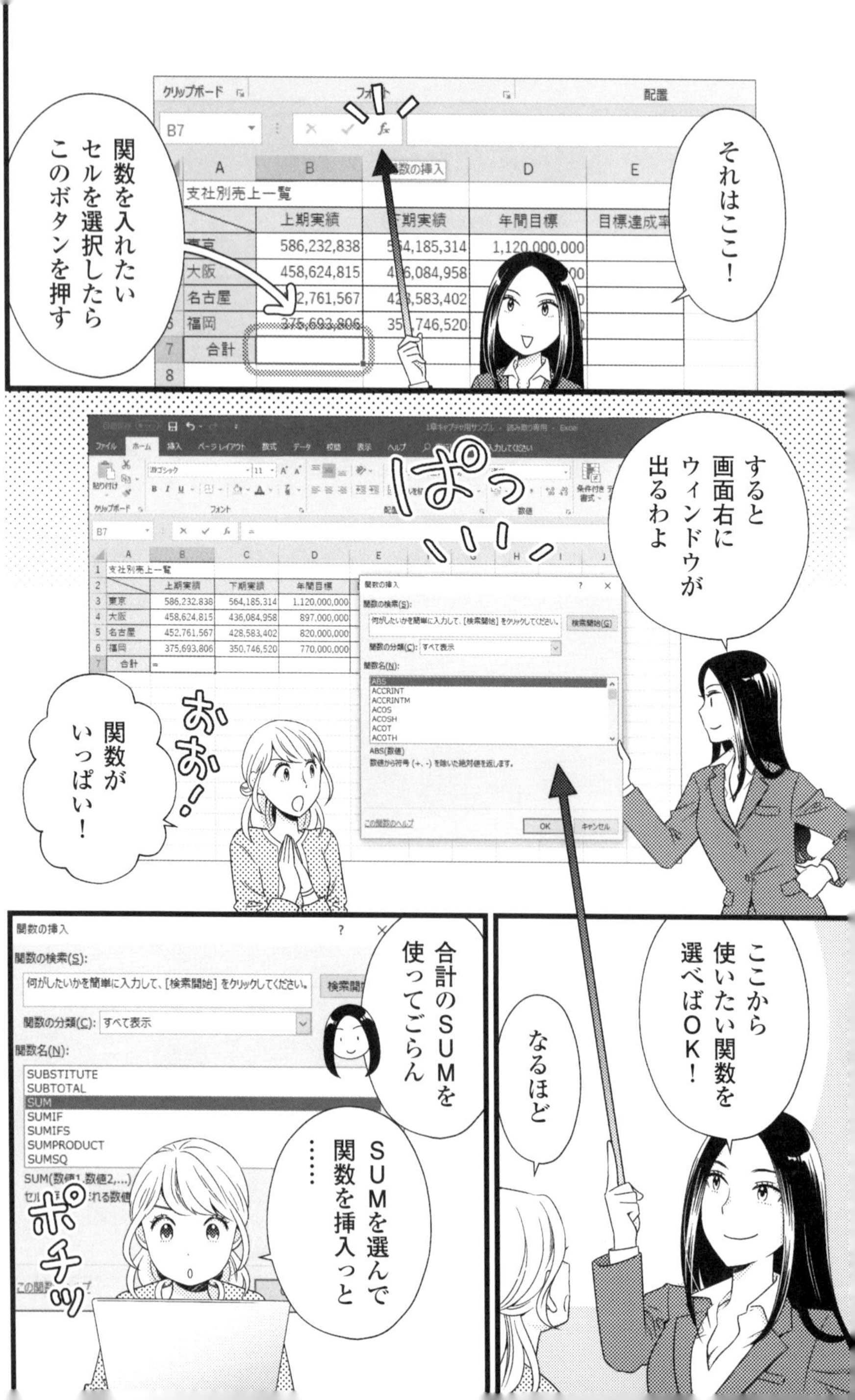

関数を入れたいセルを選択したらこのボタンを押す
それはここ！
関数の挿入
支社別売上一覧
上期実績
下期実績
年間目標
合計
すると画面右にウィンドウが出るわよ
ぱっ
関数の挿入
関数の検索(S):
何がしたいかを簡単に入力して、[検索開始] をクリックしてください。
関数の分類(C): すべて表示
関数名(N):
ABS
ACCRINT
ACCRINTM
ACOS
ACOSH
ACOT
ACOTH
ABS(数値)
数値から符号 (+, -) を除いた絶対値を返します。
おお！
関数がいっぱい！
ここから使いたい関数を選べばOK！
なるほど
合計のSUMを使ってごらん
関数の挿入
関数の検索(S):
何がしたいかを簡単に入力して、[検索開始] をクリックしてください。
関数の分類(C): すべて表示
関数名(N):
SUBSTITUTE
SUBTOTAL
SUM
SUMIF
SUMIFS
SUMPRODUCT
SUMSQ
SUMを選んで関数を挿入っと……
ポチッ

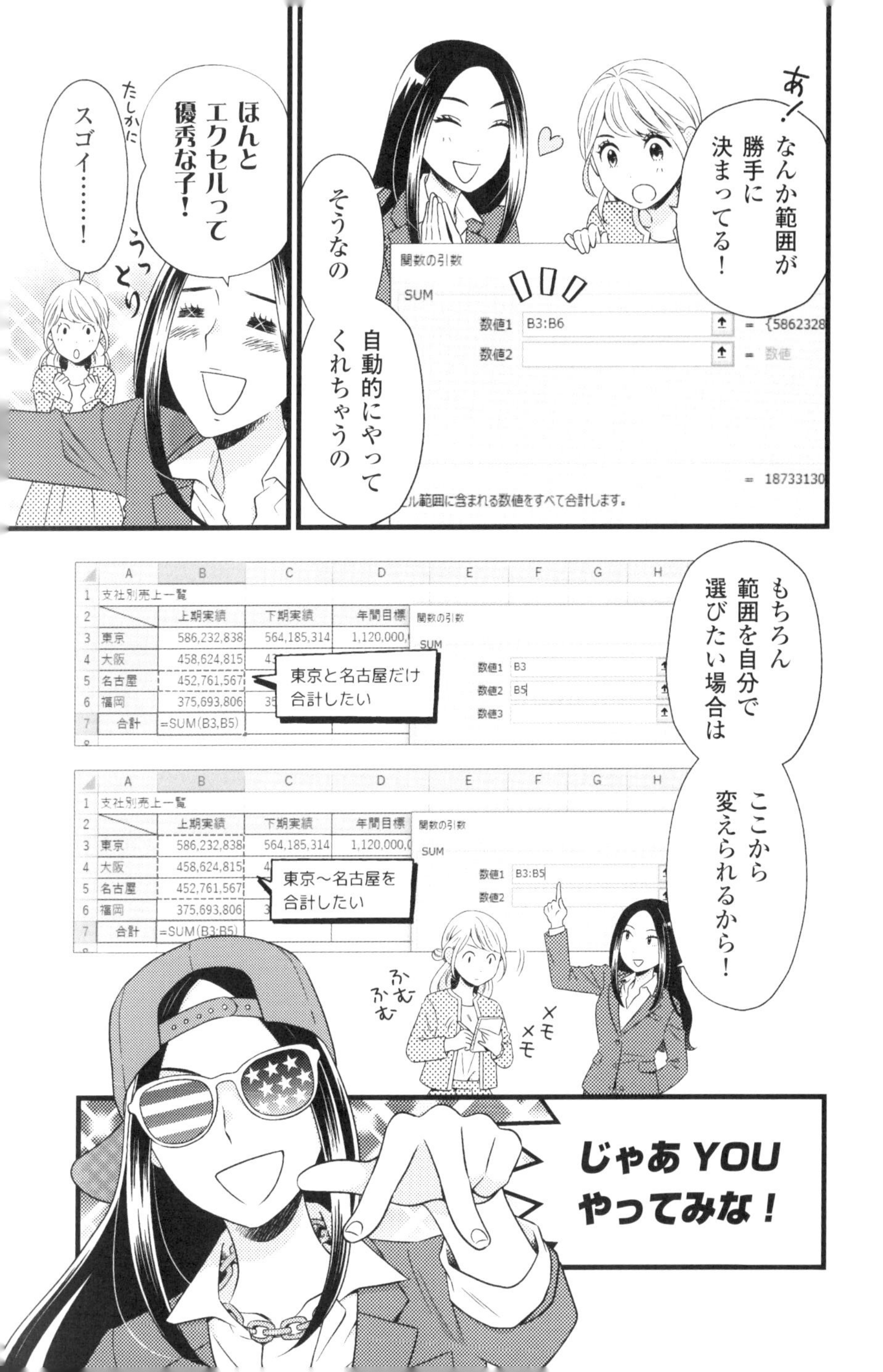
あ！なんか範囲が勝手に決まってる！
そうなの
自動的にやってくれちゃうの
関数の引数
SUM
数値1 B3:B6 = {5862328
数値2 = 数値
= 18733130
ル範囲に含まれる数値をすべて合計します。
ほんとエクセルって優秀な子！
たしかにスゴイ……！
うっとり
もちろん範囲を自分で選びたい場合は
ここから変えられるから！
支社別売上一覧
上期実績 下期実績 年間目標
東京 586,232,838 564,185,314 1,120,000,0
大阪 458,624,815
名古屋 452,761,567
福岡 375,693,806
合計 =SUM(B3,B5)
東京と名古屋だけ合計したい
関数の引数
SUM
数値1 B3
数値2 B5
数値3
合計 =SUM(B3:B5)
東京〜名古屋を合計したい
数値1 B3:B5
ふむふむ
メモメモ
じゃあ YOU やってみな！

まず目標達成率の式はこうで……
目標達成率=SUM(個別売上)/目標
スッ
YO!
この上期と下期の数字の合計を年間目標で割ればいいから……
目標達成率(※東京支社の場合)=SUM(B3:C3)/D3
SUM
=SUM(B3:C3)/D3
A B C D E F
1 支社別売上一覧
2 上期実績 下期実績 年間目標 目標達成率
3 東京 586,232,838 564,185,314 1,120,000,000 =SUM(B3:C3)/D3
4 大阪 458,624,815 436,084,958 897,000,000
5 名古屋 452,761,567 428,583,402 820,000,000
6 福岡 375,693,806 350,746,520 770,000,000
7 合計 1,873,313,026 1,779,600,194 3,607,000,000
8
カチャカチャ
ぱっ
これでどうでしょう!?
E3
=SUM(B3:C3)/D3
A B C D E F
1 支社別売上一覧
2 上期実績 下期実績 年間目標 目標達成率
3 東京 586,232,838 564,185,314 1,120,000,000 102.7%
4 大阪 458,624,815 436,084,958 897,000,000
5 名古屋 452,761,567 428,583,402 820,000,000
6 福岡 375,693,806 350,746,520 770,000,000
合計 1,873,313,026 1,779,600,194 3,607,000,000
正解!
シューッ
やった!

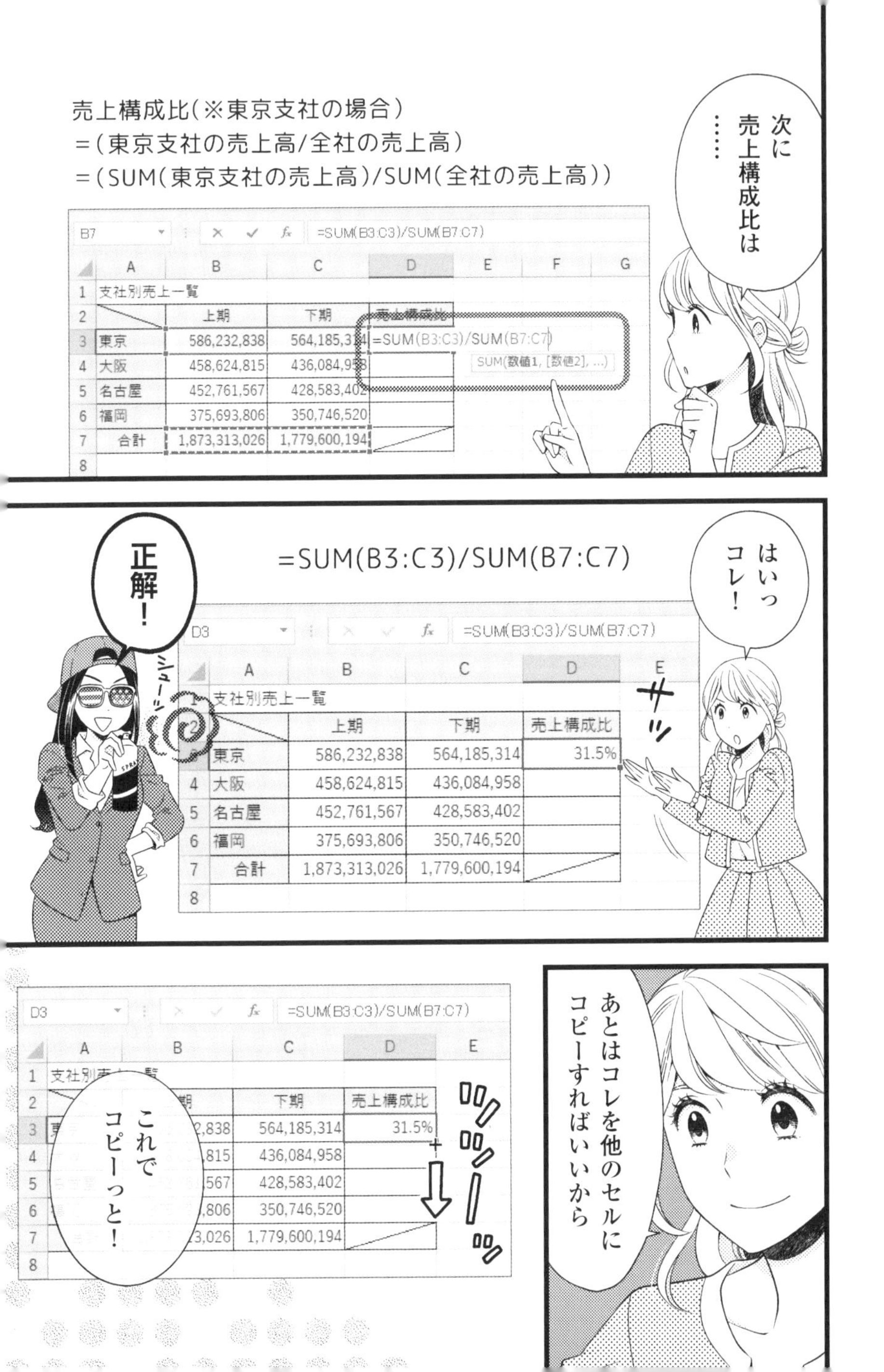
次に売上構成比は……
売上構成比（※東京支社の場合）
＝（東京支社の売上高/全社の売上高）
＝（SUM（東京支社の売上高）/SUM（全社の売上高））
=SUM(B3:C3)/SUM(B7:C7)
はいっコレ！
サッ
正解！
シューッ
=SUM(B3:C3)/SUM(B7:C7)
あとはコレを他のセルにコピーすればいいから
これでコピーっと！

	A	B	C	D
1	支社別売上一覧			
2		上期	下期	売上構成比
3	東京	586,232,838	564,185,314	31.5%
4	大阪	458,624,815	436,084,958	#DIV/0!
5	名古屋	452,761,567	428,583,402	#DIV/0!
6	福岡	375,693,806	350,746,520	#DIV/0!
7	合計	1,873,313,026	1,779,600,194	
8				

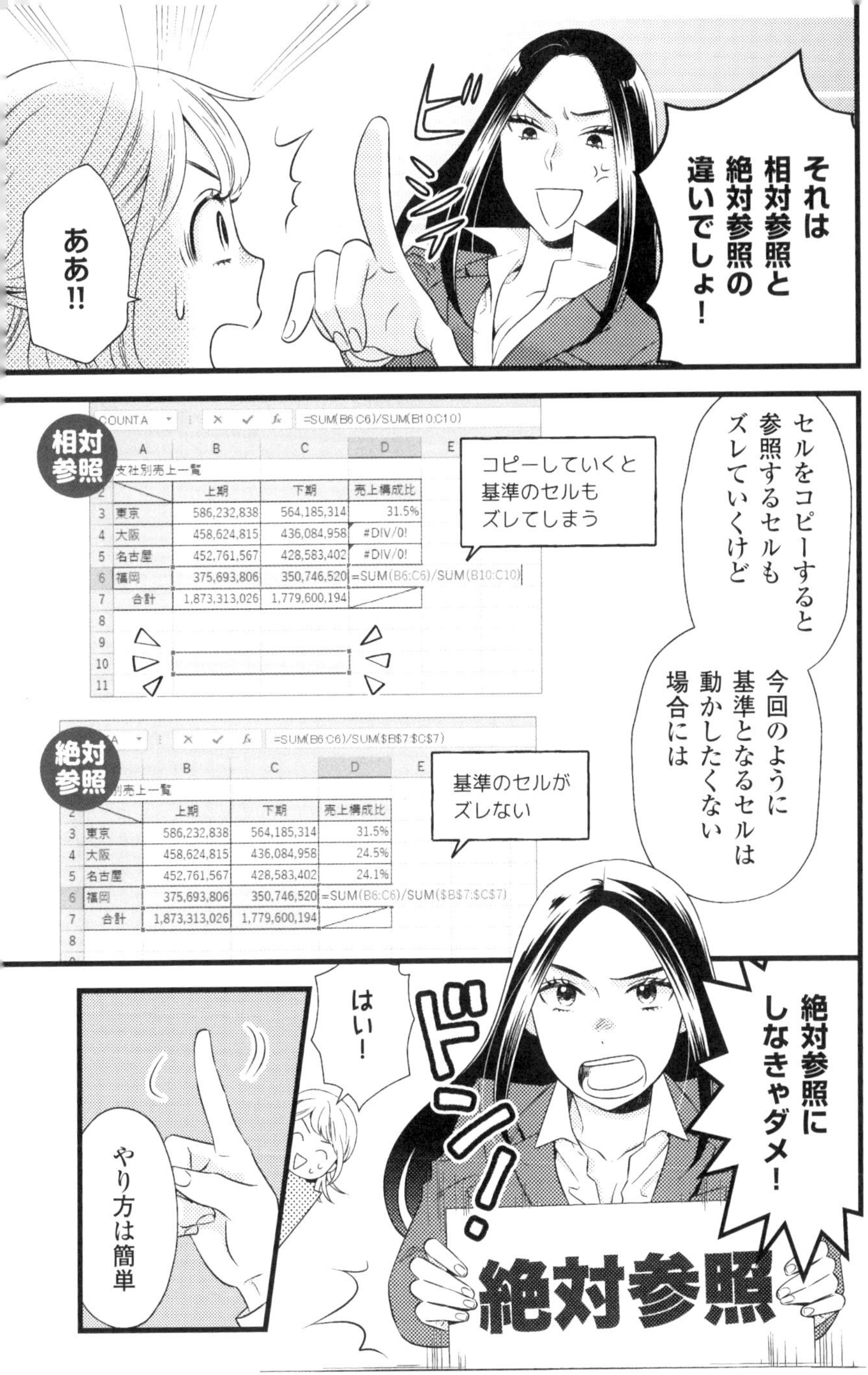

COUNTA　=SUM(B6:C6)/SUM(B10:C10)

	A	B	C	D	E
1	支社別売上一覧				
2		上期	下期	売上構成比	
3	東京	586,232,838	564,185,314	31.5%	
4	大阪	458,624,815	436,084,958	#DIV/0!	
5	名古屋	452,761,567	428,583,402	#DIV/0!	
6	福岡	375,693,806	350,746,520	=SUM(B6:C6)/SUM(B10:C10)	
7	合計	1,873,313,026	1,779,600,194		

=SUM(B6:C6)/SUM($B$7:$C$7)

	A	B	C	D	E
1	別売上一覧				
2		上期	下期	売上構成比	
3	東京	586,232,838	564,185,314	31.5%	
4	大阪	458,624,815	436,084,958	24.5%	
5	名古屋	452,761,567	428,583,402	24.1%	
6	福岡	375,693,806	350,746,520	=SUM(B6:C6)/SUM($B$7:$C$7)	
7	合計	1,873,313,026	1,779,600,194		

絶対参照にしたいセル範囲を選んだら
あとは「F4」を押すだけ！
=SUM(B3:C3)/SUM(B7:C7)
F4
=SUM(B3:C3)/SUM($B$7:$C$7)
あっ
なんかついた！
そう
絶対参照にすると「$」が前につくのよ
そうだった……！
絶対参照にしてコピーすると……
F4
Ctrl+C
パチ
パチ

貼り付け
クリップボード
フォント
P17
支社別売上一覧
上期
下期
売上構成比
東京 586,232,838 31.5%
大阪 458,624,815 24.5%
名古屋 452,761,567 24.1%
福岡 375,693,806 19.9%
ちゃん!
ズレてな～い!
セルを動かしたくないときは
ドルのマークで～
絶対参照!!
うぉおおお
これをちゃんと使い分けるように!
はい!

関数とは面倒な計算をすばやく行う公式

100個のセルを足し算できるか？

さあ、麻衣さんの関数レッスンが始まりました。教えてくれるのは「マンガで学ぶエクセル」でもおなじみの社長秘書・今日子さんです。「**関数**」とは、自販機のようなものだと今日子さんは説明していましたね。**面倒な計算式を作らなくても、関数の名前を選ぶだけで結果がセルに表示される**――そうです。まさしく自販機のような手軽さで計算をしてくれる機能、それが関数なのです。

たとえば、31ページの図のように平均を求めるには、対象をすべて足し算してから個数で割り算する方法と、「AVERAGE」という名前の平均を求める関数を使う方法の2種類があり、どちらを使うこともできます。

でも、もし平均を求める数字が100個のセルになったらどうでしょう。セルを一つずつ足し算する式を入力するのはとうてい無理ですね。一方、AVERAGE関数を使う場合は、「＝

AVERAGE（セル範囲）」と指定します。カッコの中には「どこからどこまで」とセルの範囲を指定すればいいので、セルが10個でも100個でも指定の手間は変わりません。

このように、**関数を使えば、手作業では難しい計算がラクにすばやくできるのです。**関数が自販機のようだと言われる理由はこのあたりにあるようですね。

計算式と関数で平均を求める

●計算式の場合

G2　=(B2+C2+D2+E2+F2)/5

	A	B	C	D	E	F	G	H
1		5月1日	5月2日	5月3日	5月4日	5月5日	平均	
2	販売数	58	62	102	130	98	90	
3								
4								
5								

=(B2+C2+D2+E2+F2)/5

●関数の場合

G2　=AVERAGE(B2:F2)

	A	B	C	D	E	F	G	H
1		5月1日	5月2日	5月3日	5月4日	5月5日	平均	
2	販売数	58	62	102	130	98	90	
3								
4								
5								

=AVERAGE(B2:F2)

上の表でG2セルに平均を求めるには、計算式と関数の2種類の方法がある。計算式よりも関数のほうが、式が短くてすむ。また、計算の対象となる数値が増えても、関数なら入力の手間はさほど変わらない。

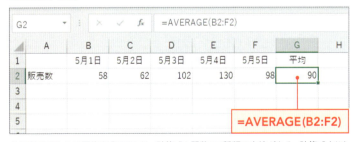

関数には、計算や作業の内容に応じて300以上の種類がありますが、その構造はすべて共通です。

先頭には**半角イコール「=」**を入力し、続けて**関数の名前**を入力します。例えば、平均を求めるのならAVERAGE（アベレージ）という関数を使うので、「=AVERAGE」と入力するわけですね。

関数名に続けて**「引数」と呼ばれる計算や処理に必要な要素をカッコで囲んで指定**します。

引数の数や指定する内容は関数によって異なり、引数が複数あるときは、半角カンマで区切って順番に指定するのがルールです。例えばAVERAGE関数の場合は、下の図のように、平均を求めたい数値が入力されたセルを引数に指定します。

▶ 関数の構造

= 関数名（引数1，引数2…）

例）=AVERAGE(B2:F2)
B2からF2までのセルの数値の平均を求める

=AVERAGE(B2,F2)
B2セルとF2セルの数値の平均を求める

関数では、先頭に「=」を入力し、関数の名前を指定したら、計算の材料となる「引数」をカッコで囲んで指定する。このとき、引数が複数ある場合はカンマで区切る。また、引数には省略できるものもあり、省略した場合の計算の仕方は関数によって決まっている。

計算式の記号と順序

●四則演算に使う記号

＋（足し算）　ー（引き算）　＊（掛け算）　／（割り算）

●計算の順番

＝10＋2＊5（❶2＊5　❷10＋）

＝(10＋2)＊5（❶(10＋2)　❷＊5）

四則演算には、上の記号を半角で入力する。計算は左から順に行われるが、掛け算・割り算は、足し算・引き算よりも先になる。この順番を変更するには、先に計算したい部分をカッコで囲もう。

●関数と式を組み合わせる

＝10＋SUM(2,7,3)

❶SUM関数で2、7、3を合計
→12
❷10に❶の結果を足し算する
→10+12→22　答え：22

関数は四則演算の式に組みこんで使うことができる。上の例では、「2」、「7」、「3」の合計を求めるSUM関数の結果を「10」に足し算している。この計算の答えは「22」だ。

何でも関数でやろうとしない

関数は確かに便利ですが、あらゆる計算が関数として用意されているわけではありません。例えば、ビジネスシーンで頻繁に使われる計算に「売上構成比」や「目標達成率」がありますが、これらを求める関数はエクセルには存在しません。矛盾するようですが、**何でもかんでも関数を頼らずに、自分で計算式を立てようとすることもまた、同じくらいに大切**なのです。

そこで、上の図を見ながら計算式のルールについておさらいしましょう。

足し算、引き算、掛け算、割り算の4種類の計算を「**四則演算**」と呼びます。四則演算には、それぞれ「**+**」、「**−**」、「*****」、「**/**」の半角記号を使います。計算式の先頭には「**=**」を入力し、あとはこれらの記号を使って日常の算数と同じように式を入力します。なお、**掛け算・割り算は足し算・引き算よりも先に行われる**ため、この**順番を変更するには、先に計算したい部分をカッコで囲みます**。これも算数と同じですね。

関数は単独で使うばかりでなく、この**四則演算と組み合わせて使う**こともできます。33ページの下の図の例では、合計を求めるSUM関数を足し算の式に入れていますね。この式をそのままセルに入力してみてください。セルにはちゃんと「22」という答えが表示されます。

また、38ページで求める目標達成率や40ページで求める売上構成比の式の中でもSUM関数が使われています。関数と四則演算のルールはどちらも必須。片方だけではなくどちらも使えるようにしておきましょう。

まとめ

①関数とは、面倒な計算を簡単に行ってくれる公式のこと。「=」に続けて関数名を入力し、「引数」という計算の材料をカッコで囲んで指定する。

②関数は四則演算の式と組み合わせて利用することもできる。

関数を入力してみよう

入力方法は手入力と画面の2種類

関数を入力する方法には、**キーボードから手入力する方法**と、**設定画面からマウスを使って入力する方法**の2種類があります。

手入力の場合は、36ページの方法①のように、セルを選んでから「=関数名（引数）」となる式をそのまま入力します。このとき、関数名のアルファベットや引数の記号類はすべて半角で入力しましょう。引数が複数ある場合は、半角カンマで区切ってそれぞれの引数を順に入力し、最後に閉じかっこを入力して「Enter」キーを押します。

ただし、関数名のスペルに誤りがあったり、引数どうしを区切るカンマが抜けていたりといった入力ミスがあると、エラーが表示されてしまいます。手入力は、関数のルールに詳しい人向けの方法なのです。

関数に不慣れな人は、無理をせずに、方法②のような「**関数の引数**」画面を使って入力しましょう。これなら、**引数の欄に内容を入力するだけでいい**ので、初心者でもエラーになる確率は低くなります。

そこで、まずは37ページを参考に「関数の引数」画面を使って、関数を入力する手順を覚えましょう。数式バーの左にある「Fx」というボタンをクリックし、開く画面で関数を検索します。「**関数の引数**」画面が表示されたら、引数を一つずつ指定できます。

この方法なら**「＝」や関数名を入力する手間が省けるうえ、引数を区切るカンマやカッコなどの記号類もほぼ自動で追加**されます。入力ミスでエラーになってしまう心配がないので、麻衣さんのようにこれから関数を学びたいという人にはうれしい機能ですね。

関数の入力方法は二つある

●方法① キーボードから手入力

	A	B	C	D	E	F	G	H	I	J
1		5月1日	5月2日	5月3日	5月4日	5月5日	平均			
2	販売数	58	62	102	130	98	=AVERAGE(B2:F2)			
3										

●方法② 「関数の引数」画面で入力

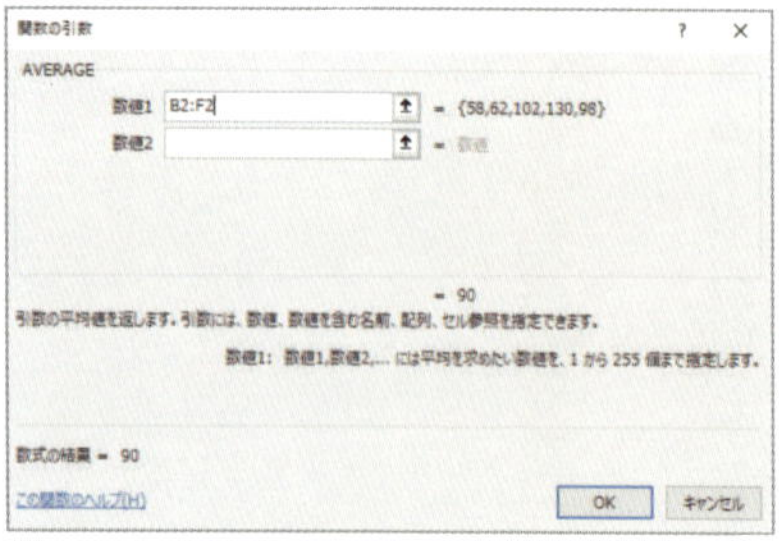

関数の入力方法には2種類ある。方法①のようにすべて手入力するのは、関数のルールに熟知した人向けだ。関数に不慣れな場合は、方法②の「関数の引数」画面を使おう。

▶ 画面を使った関数の入力手順

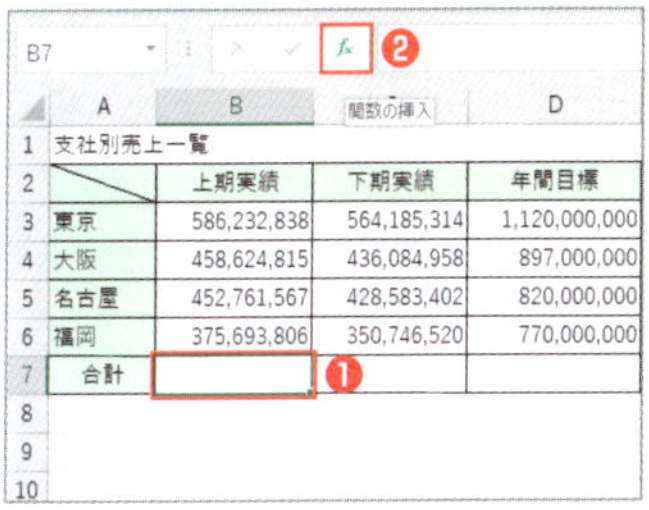

❶関数を入力したいセルを選んで、❷「Fx」ボタンをクリック。

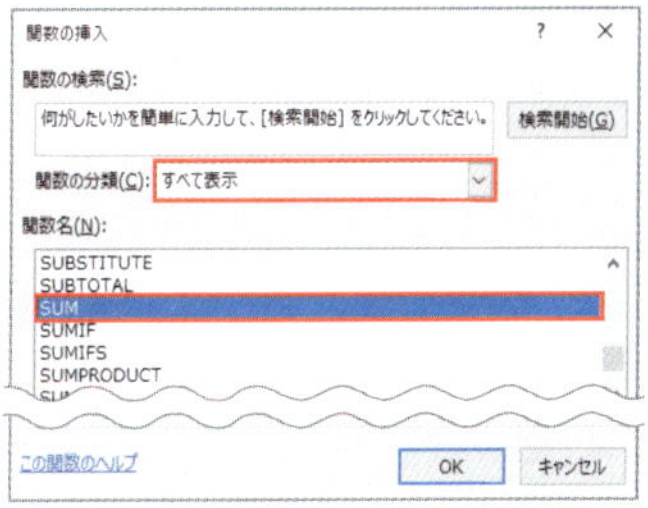

「すべて表示」を選ぶと、一覧に関数がアルファベット順に表示される。ここから関数名を選んで「OK」をクリック。

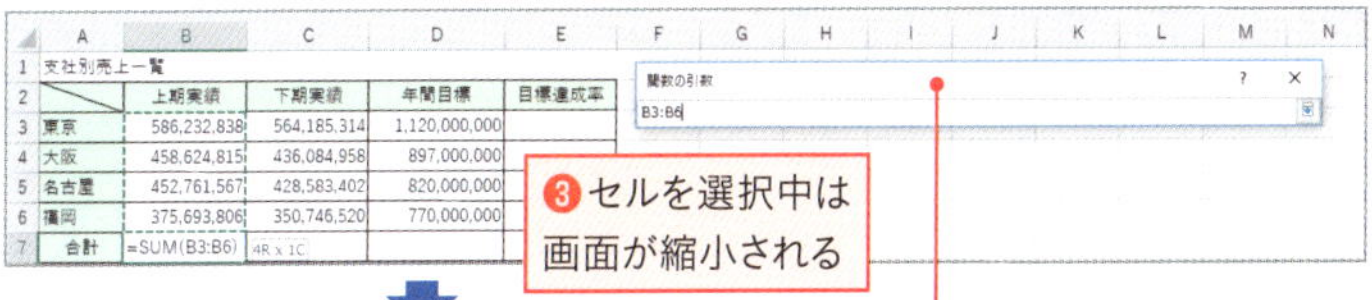
❸セルを選択中は
画面が縮小される

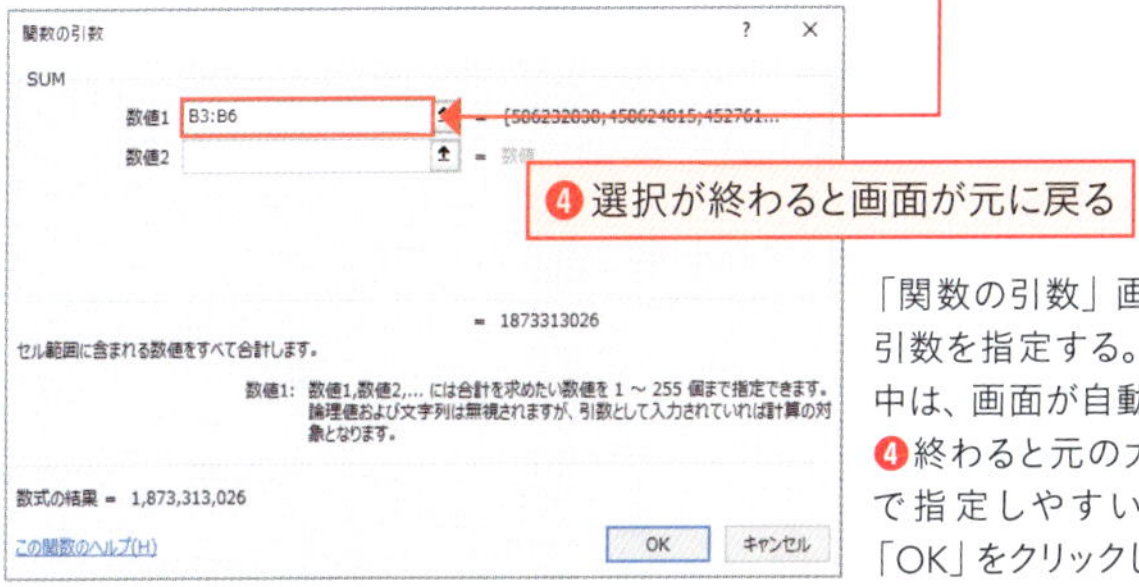
❹選択が終わると画面が元に戻る

「関数の引数」画面が開いたら引数を指定する。❸セルを選択中は、画面が自動的に縮小され、❹終わると元の大きさに戻るので指定しやすい。終わったら「OK」をクリックしよう。

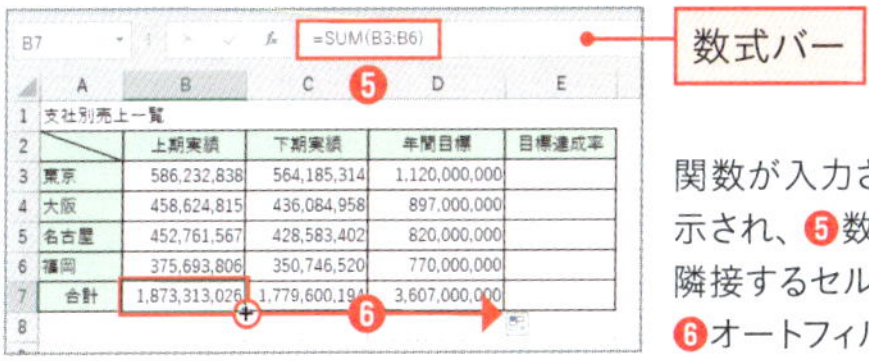
数式バー

関数が入力されると、セルには計算結果が表示され、❺数式バーに関数の式が表示される。隣接するセルにも同じ関数の式を入れるには、❻オートフィル機能でコピーしよう。

数式のコピーは参照形式に注意する

37ページの最後の手順では、オートフィル操作を使ってB7セルに入力した関数を右隣のセルにコピーしていますね。このように、関数や四則演算の式をコピーする場合は、セルの参照形式にも注意が必要です。

麻衣さんが求めていた**目標達成率**を例にとって説明しましょう。目標達成率とは、売上の実績が目標金額の何%を達成したのかを表すもので、**売上金額を目標金額で割り算**して求めます。39ページの図では、まず、E3セルに東京支社の目標達成率を求めています。このとき、売上実績を求めるためにSUM関数を使ってB3セルとC3セルの数値を合計し、その結果をD3セルで割り算しています。そのため入力した計算式は「=SUM(B3:C3)/D3」となります。

続けて、ほかの支社の目標達成率を求めるには、この数式を下にコピーします。E3セルを選び、右下角にマウスポインタを合わせて下にドラッグすると、コピー先のセルには、それぞれの支社の目標達成率が正しく表示されます。

これはなぜかというと、コピーされた式の中で使われているセル番地も一緒に下に移動するからです。このように、**数式をコピーすると、同じ方向にセル参照が動く**仕組みを「**相対参照**」といいます。エクセルでは、相対参照が自然に働くので、コピーするだけで各支社の目標達成率が正しく求められるわけです。

目標達成率を求める

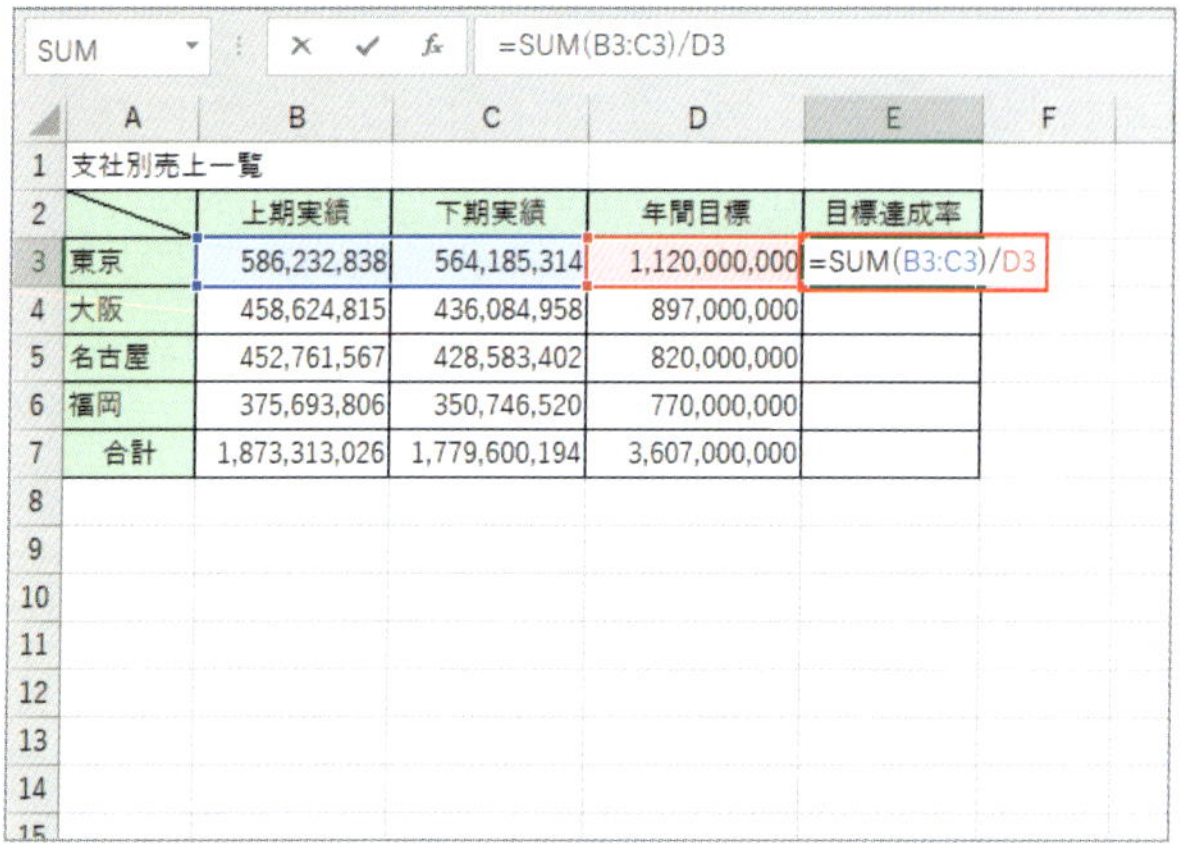

SUM　=SUM(B3:C3)/D3

	A	B	C	D	E	F
1	支社別売上一覧					
2		上期実績	下期実績	年間目標	目標達成率	
3	東京	586,232,838	564,185,314	1,120,000,000	=SUM(B3:C3)/D3	
4	大阪	458,624,815	436,084,958	897,000,000		
5	名古屋	452,761,567	428,583,402	820,000,000		
6	福岡	375,693,806	350,746,520	770,000,000		
7	合計	1,873,313,026	1,779,600,194	3,607,000,000		

E3セルにSUM関数でB3セルとC3セルを合計する式「=SUM(B3:C3)」を入力し、その式の後ろに「/D3」と追加して、「Enter」キーを押すと、E3セルに東京の目標達成率が表示される。

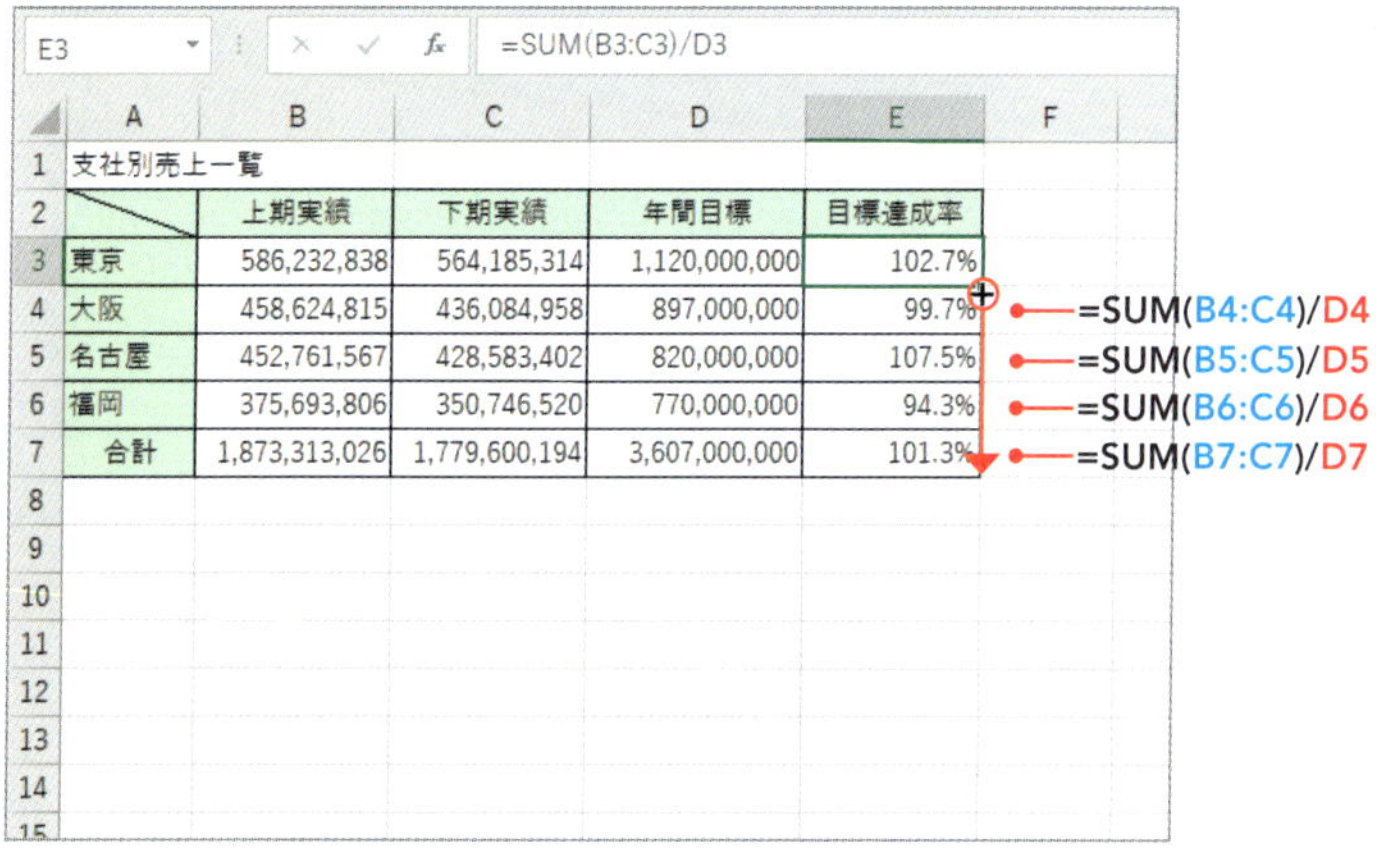

E3　=SUM(B3:C3)/D3

	A	B	C	D	E	F
1	支社別売上一覧					
2		上期実績	下期実績	年間目標	目標達成率	
3	東京	586,232,838	564,185,314	1,120,000,000	102.7%	
4	大阪	458,624,815	436,084,958	897,000,000	99.7%	
5	名古屋	452,761,567	428,583,402	820,000,000	107.5%	
6	福岡	375,693,806	350,746,520	770,000,000	94.3%	
7	合計	1,873,313,026	1,779,600,194	3,607,000,000	101.3%	

E3セルを選び、オートフィルでE7セルまで数式をコピーすると、式の中のセル番地も一緒に移動する。これが「相対参照」だ。

コピーしても場所を固定したいセルは絶対参照にする

麻衣さんは、目標達成率に続けて売上構成比を求めました。ところが、売上構成比はすんなり求められず、コピーしたときにエラーが表示されてしまいましたね。このように、普段は便利なはずの相対参照の仕組みが災いして、コピーがうまくいかない計算もあるのです。その代表例が売上金額や販売数などの「**構成比**」です。

まず、41ページの図を見ながら、売上構成比を求める数式を考えてみましょう。

売上構成比とは、個別の売上が全体の売上の何%を占めるかを表すものです。円グラフを描いたときに、それぞれの扇形がどのくらいの大きさになるかを求める場合と同じです。この例では、東京、大阪といった各支社の売上構成比を求めます。

売上構成比を求めるには「個別の売上」を「全体の売上」で割り算します。まず、D3セルに東京支社の売上構成比を求めましょう。

売上金額は上期と下期を合算するため、SUM関数を使ってB3セルとC3セルを合計します。さらに、会社全体の売上はB7セルとC7セルの合計になるため、D3セルの数式は「=SUM(B3:C3)/SUM(B7:C7)」となります。

同じように、D4セルに入力する大阪支社の売上構成比は「=SUM(B4:C4)/SUM(B7:C7)」、名古屋支社は「＝SUM(B5:C5)/SUM (B7:C7)」、福岡支社は「＝SUM(B6:C6)/SUM (B7:C7)」となります。

これを見ると、**どの支社の売上構成比を求める場合でも、「全体売上」の部分は「SUM(B7:C7)」となり、同じ位置のセルを指す**ことがわかりますね。

売上構成比を求める式を考える

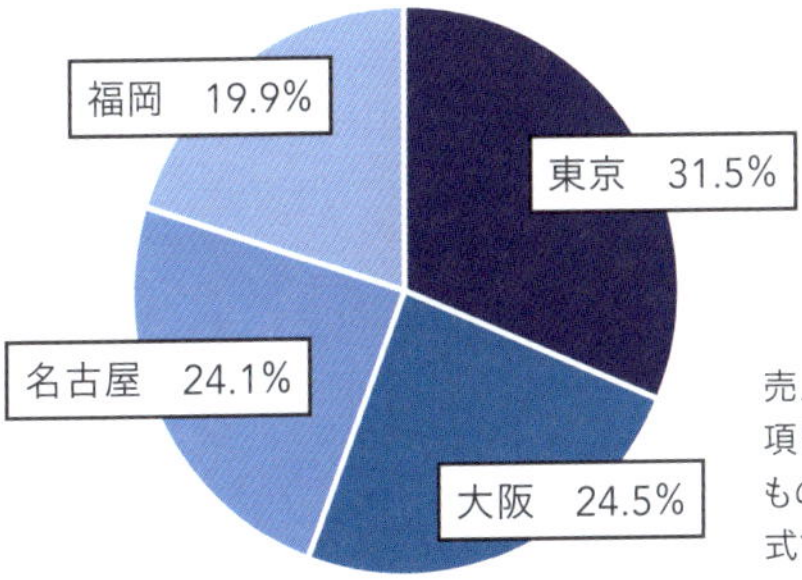

売上構成比は、円グラフにしたときに各項目の売上金額が何％になるかを表すもので、「個別売上÷全体売上」という式で求められる。

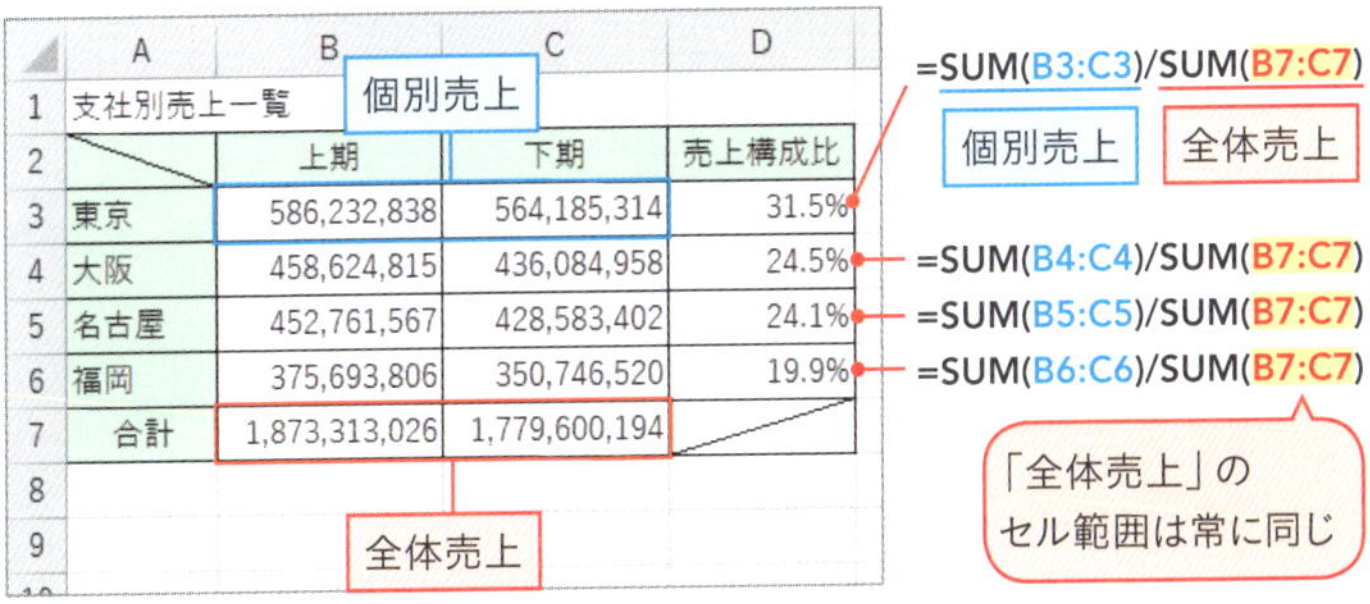

	A	B	C	D
1	支社別売上一覧			
2		上期	下期	売上構成比
3	東京	586,232,838	564,185,314	31.5%
4	大阪	458,624,815	436,084,958	24.5%
5	名古屋	452,761,567	428,583,402	24.1%
6	福岡	375,693,806	350,746,520	19.9%
7	合計	1,873,313,026	1,779,600,194	
8				
9				

売上構成比をD3セルに求める場合、「個別売上」はB3からC3セルを、「全体売上」はB7からC7セルを、それぞれSUM関数で合計したものになる。D4からD6セルには図のような計算式が入り、「全体売上」は常に「SUM（B7:C7）」となる。

ところが、麻衣さんがD3セルにこの数式を入力し、オートフィルを使って下のセルにコピーすると、下の図のようなエラーが表示されてしまいました。

コピーされた計算式を一つずつ確認すると、「全体売上」を表す「SUM(B7:C7)」のセル範囲が、「B8:C8」、「B9:C9」…と、下に行くにつれ、1行ずつ下へ移動していることがわかります。これは、オートフィルで数式をコピーしたときに相対参照が働いて、「全体売上」を求めるセル範囲が下にずれてしまうためです。ところが、41ページで説明したように、全体売上のセル範囲は常に「B7:C7」にならなければ困ります。

数式をコピーしても特定のセル番地が移動しないようにするには、そのセルの参照形式を「**絶対参照**」に変更します。絶対参照にしたセル番地には、**行番号と列番号の前に半角のドル記号「$」が付き**、

▶ 売上構成比をコピーするとエラーになった！

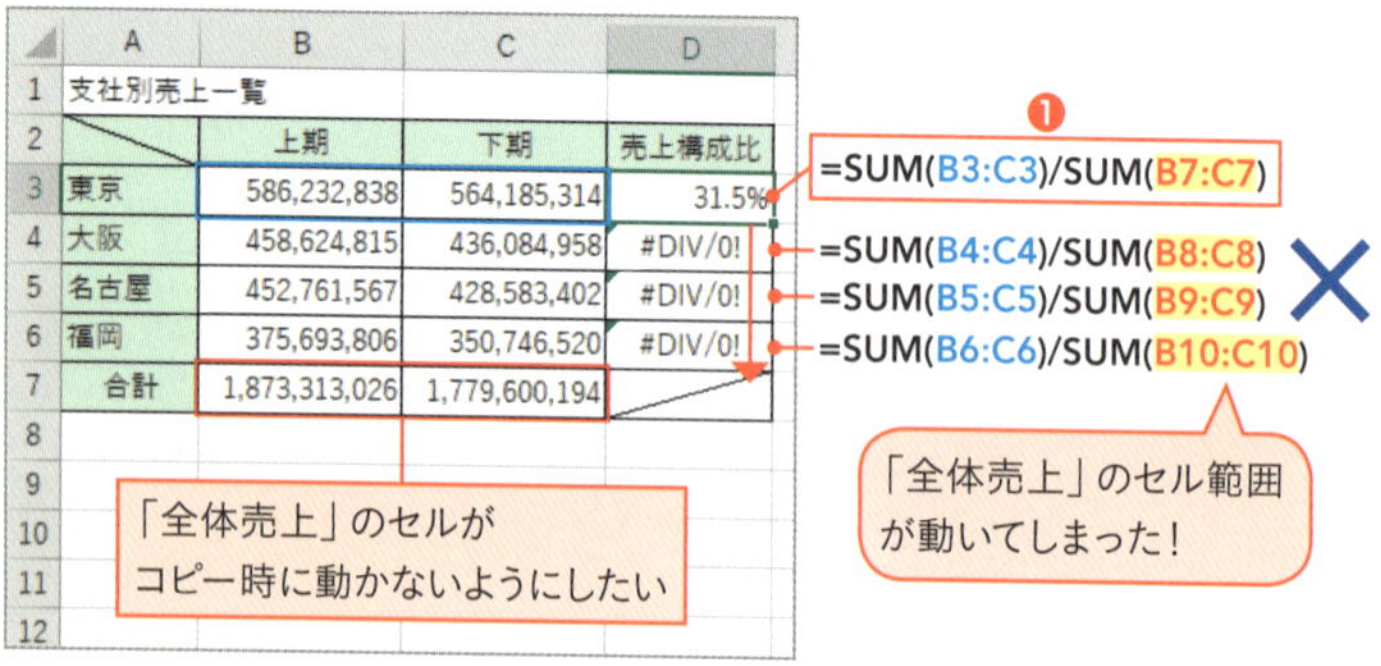

D3セルに❶の数式を入力して売上構成比を求める。次にD3セルの数式をD4からD6セルにコピーするとエラーになってしまう。これは、コピーしたときに全体売上を求めるSUM関数の引数「B7:C7」が下に動いてしまうためだ。

全体売上を絶対参照に変更する

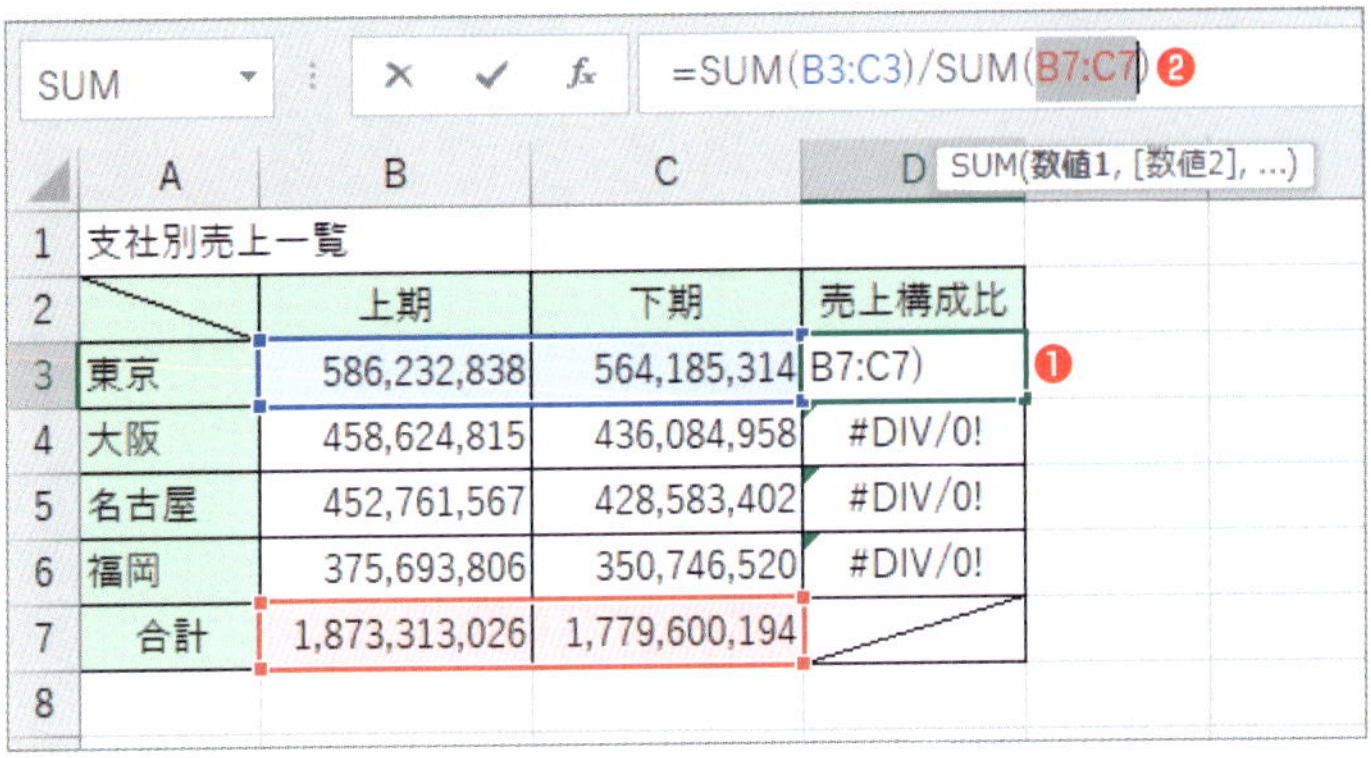

❶D3セルを選び、❷数式バーでセル範囲「B7:C7」をドラッグして、「F4」キーを押す。

セル範囲「B7:C7」が❸「$B$7:$C$7」と絶対参照に変わるので、「Enter」キーを押して数式の変更を確定する。これでセル範囲「B7:C7」はコピーしても移動しなくなる。

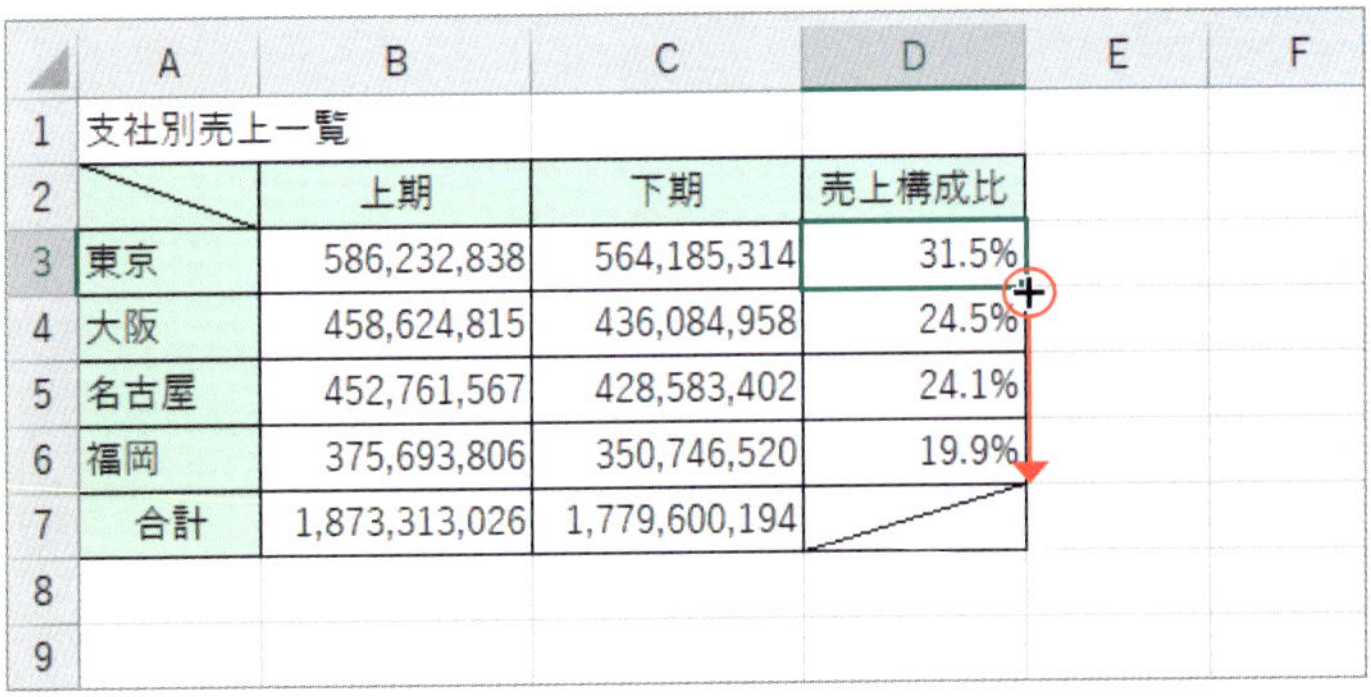

D3セルを選び、オートフィルでD4からD7に数式をコピーすると、正しく売上構成比を求められた。

「A2」なら「$A$2」のように表示されます。この状態にしてからコピーすれば、そのセル番地は移動しなくなります。

そこで、43ページの手順でD3セルの数式を修正しましょう。D3セルを選んでから数式バーに表示された計算式の「B7：C7」の部分をドラッグすると、その部分だけが反転表示に変わり、選択されます。次に「F4」キーを押すと、セル番地にドル記号が追加され「$B$7：$C$7」と変わります。このようにB7とC7の両方のセルに「$」が付くと、B7からC7までのセル範囲全体が絶対参照になります。

数式を変更後、オートフィルをやり直すと、大阪、名古屋、福岡の売上構成比が正しく求められます。**絶対参照は、四則演算の式だけでなく関数の引数に指定したセル範囲に対しても使う**ので、このやり方を理解しておきましょう。

まとめ

①画面を使って関数を入力するには、数式バー左の「Fx」ボタンをクリックする。この方法なら引数も画面から指定できるので、入力ミスが少ない。

②入力した関数の式を他のセルにコピーする際、移動しては困るセル番地はあらかじめ「絶対参照」に変更しておく。

第2章

合計、平均、四捨五入など「数値」を自由に操作

なんか前よりもパワフルになったたよねぇ……
ガチャガチャ
あれ？
なんか嬉しいことあった？
麻衣の彼氏
伊藤《いとう》 直人《なおと》
ちす
わかる？今日子サマが戻ってきたの～！
仕事もいいけどさたまには俺のクイズに答えてよ
ぶー
英語以外の問題にしてくれたらね

Goodrinko
英語はもうお腹一杯なのよ……
えーと…
英和辞典
カクン
眠らない
スミマセン！
英語が全然頭に入ってこなくて…
英語をあまり重く捉えないでください
そうしたいんですが……
スマイルでいきますよ
にっ

第一
会議室
今日は この5つの関数の 便利で簡単な 使い方から 始めるわよ！
超初級の基本関数
合計
平均
最大
最小
数値の個数
便利で簡単！ いいですね〜
オートSUM
合計(S)
平均(A)
数値の個数(C)
最大値(M)
最小値(I)
その他の関数(F)...
実は この関数たちは ここから一発で 出せるの！
おー
これは便利だ！
商品別売上
売上金額
アルプス天然うるおい水 13,667,880
ウィルキントン 21,747,570
うたた寝茶 11,737,740
うまソーダ 18,447,480
コラコーラ 23,375,170
すっぱレモン 24,076,780
ビタキタゴールド 13,857,200
マッスルパートナー 9,720,600
北の大地の天然水 11,978,560
涼風茶 10,357,950
合計 158,966,930
ちなみに こないだは SUMで 連続した範囲を 計算したけど……
合計のSUMを 使ってごらん
SUMを選んで 関数を挿入っと ……
ポチッ
関数の挿入
SUBSTITUTE
SUBTOTAL
SUM
SUMIF
SUMIFS
SUMPRODUCT
SUMSQ
あ！ なんか範囲が 勝手に 決まってる！
そうなの
自動的にやって くれちゃうの
関数の引数
SUM
B3:B6

こんな風に不連続なセルを計算したいときってない？
A
B
1 商品別売上
2 売上金額
3 アルプス天然うるおい水 13,667,880
4 ウィルキントン 21,747,570
5 うたた寝茶 11,737,740
6 うまソーダ 18,447,480
7 コラコーラ 23,375,170
8 すっぱレモン 24,076,780
9 ビタキタゴールド 13,857,200
10 マッスルパートナー 9,720,600
11 北の大地の天然水 11,978,560
12 涼風茶 10,357,950
13 合計 158,966,930
あります
えっ できるんですか!?
そんなときはコントロールを押しながらセルを選べばOK！
Ctrl
離れたセルはコントロールでキャッチなんですね！
B
売上金
ポチッ
13,667,880
ポチッ
11,737,740
18,447,480
23,375,170
8 すっぱレモン
ポチッ
9 ビタキタゴールド 13,857,200
10 マッスルパートナー
11 北の大地の天然水 11,978,560
12 涼風茶 10,357,950
13 合計 158,966,930
Ctrl
さて いよいよ数を数える関数たちの登場よ！
ダラララララ
その名も……

ジャーン!
COUNT《カウント》ブラザーズよ!
三男
COUNTBLANK
長男
COUNT
次男
COUNTA
カウントブラザーズ!
カッコいい~!!
カウントは「数を数える」という意味なんだけど
このCOUNT関数には3つの種類があるの
ほぉ

まずは長男
基本のCOUNT！
指定した範囲の中に
数値が何個あるか
知りたいときに
使う関数よ
バ
ドーン！
何個……？
例えば3月1日に
何箇所でサンプルを
配布したか
知りたい場合
クリップボード
フォント
配置
P20
A
B
C
D
E
1 試飲用商品サンプル配布実績表
2 実施日 3月1日 3月2日
3 横浜駅北口 156 中止
4 横浜駅南口 245 350
5 西急ストア横浜店 中止
6 エイト横浜店 86
7 マルワ上大岡店 中止
8 エーケーストア横浜 126
9 丸中スーパー横浜 56
11 配布した場所の数
12 配布予定の場所の数
13 配布予定でない場所の数
ここを
選択してから
8 エーケーストア横浜 126 136
9 丸中スーパー横浜 56
11 配布した場所の数
12 配布予定の場所の数
13 配布予定でない場所の数
さっきの
「数値の個数」を
押すと
Σ オートSUM
合計(S)
平均(A)
数値の個数(C)
最大値(M)
最小値(I)
その他の関数(F)...
おお
長男が入った！
試飲用商品サンプル配布実績表
実施日 3月1日 3月2日 3月3日
156 中止
245 350 425
中止 125 102
エーケーストア横浜 126 115
丸中スーパー横浜 56 45
ぱっ
11 配布した場所の数 =COUNT(B3:B9)
COUNT(値1, [値2], ...
12 配布予定の場所の数
13 配布予定でない場所の数
COUNTは
文字列は数えない
から注意してね
数えない
245
中止
オレの仕事じゃない！
できた～
マルワ上大岡店 中止
エーケーストア横浜 126
丸中スーパー横浜
配布した場所の数 5
配布予定の場所の数
配布予定でない場所の数
カチッ

次は
しっかり次男の
COUNTA《カウントエー》!
バーン
カウントエー!
Aがつくと空白以外のデータの数を数えるの
A
??
COUNT
COUNTA
長男との違いが……
体型は違うけど…
違いはこうよ!
長男《COUNT》=数字だけ
次男《COUNTA》=数字+文字列を数える!
試飲用商品サンプル配布実績表
実施日 3月1日 3月2日 3月3日
横浜駅北口 156 中止
横浜駅南口 245 350 425
西急ストア横浜店 中止
エイト横浜店 86
マルワ上大岡店 中止
エーケーストア横浜 126
丸中スーパー横浜 56 45
配布した場所の数 5 5 4
配布予定の場所の数 7 6
配布予定でない場所の数
文字列が入ったセルも数える
なるほど!

	A	B	C	D
1	試飲用商品サンプル配布実績表			
2	実施日	3月1日	3月2日	3月3日
3	横浜駅北口	156	中止	
4	横浜駅南口	245	350	425
5	西急ストア横浜店	中止	125	102
6	エイト横浜店	86	98	
7	マルワ上大岡店	中止	75	中止
8	エーケーストア横浜	126	136	115
9	丸中スーパー横浜	56		45
10				
11	配布した場所の数	5	5	4
12	配布予定の場所の数	7	6	5
13	配布予定でない場所の数			
14				

	A	B	C	D	E
1	支社別売上				
2		上期実績	下期実績	年間実績	
3	東京	586,232,838	564,185,314	1,150,418,152	
4	大阪	458,624,815	436,084,958	894,709,773	
5	名古屋	452,761,567	428,583,402	881,344,969	
6	福岡	375,693,806	350,746,520	726,440,326	
7	合計	1,873,313,026	1,779,600,194	3,652,913,220	
8					

まずは長女
基本の
ROUND!
ラウンド!
WOW!

	A	B	C	D	E
1	支社別売上				
2		上期実績	下期実績	年間実績	概算(四捨五入)
3	東京	586,232,838	564,185,314	1,150,418,152	
4	大阪	458,624,815	436,084,958	894,709,773	
5	名古屋	452,761,567	428,583,402	881,344,969	
6	福岡	375,693,806	350,746,520	726,440,326	
7	合計	1,873,313,026	1,779,600,194	3,652,913,220	
8					

これは
指定した桁で
四捨五入できる
関数よ
四捨五入
年間実績の概算を
計算したいから
ここに
ROUNDを
挿入!
セルを結合して中央揃え
=ROUND(D3,-6)
どうしてマイナス
なんですか?
コレ
=ROUND(D3,-6)
桁数は
小数点を基準に
こんな感じで
指定するからよ
なるほど
だから
今回の桁数は
-1、-2……-6で
こうなるのか!
=ROUND(D3,-6)
「四捨五入の結果
百万まで表示する」の意味
1,150,418,152
桁数の数え方
-6 -5 -4 -3 -2 -1 0
桁が上がると
マイナス1する
四捨五入して
百万まで表示された!
1,150,000,000

次は次女のROUNDUP《ラウンドアップ》!
三女のROUND《ラウンド》DOWN《ダウン》!
シャランラ〜
これは切り上げと切り捨ての関数よ
UP
切り上げ
切り捨て
DOWN
やり方は長女と一緒6桁で上げ下げするから
ファイル ホーム データ 校閲 表示 ヘルプ 実行したい作業を入力してください
貼り付け クリップボード 折り返して全体を表示する セルを結合して中央揃え 配置 標準 数値 条件付き書式 テーブルとして書式設定 セルのスタイル
N20
1 支社別売上
2 上期実績 下期実績 年間実績 概算(四捨五入) 概算(切り上げ) 概算(切り捨て)
3 東京 586,232,838 564,185,314 1,150,418,152 1,150,000,000 =ROUNDUP(D3,-6) =ROUNDDOWN(D3,-6)
4 大阪 458,624,815 436,084,958 894,709,773 895,000,000
5 名古屋 452,761,567 428,583,402 881,344,969 881,000,000
6 福岡 375,693,806 350,746,520 726,440,326 726,000,000
7 合計 1,873,313,026 1,779,600,194 3,652,913,220 3,653,000,000
スス
スス
こうして関数を入れて実行すれば……
カチッ

できた〜！
D E F G H
概算(四捨五入) 概算(切り上げ) 概算(切り捨て)
1,150,000,000 1,151,000,000 1,150,000,000
894,709,773 895,000,000
881,344,969 881,000,000
彼らを忘れないこといいわね
COUNTブラザーズ
ROUNDシスターズ
は〜い！
OK！じゃあ今日の最後はこちら！
ダララララ
今日子の願望ランキング
1位 エクセルとハワイ
2位 エクセルとバリ
3位 エクセルとマルタ島
なぜに全部エクセルと…？
ジャーン
これは……？
みんな大好きランキングを出せる関数よ！
RANKIN

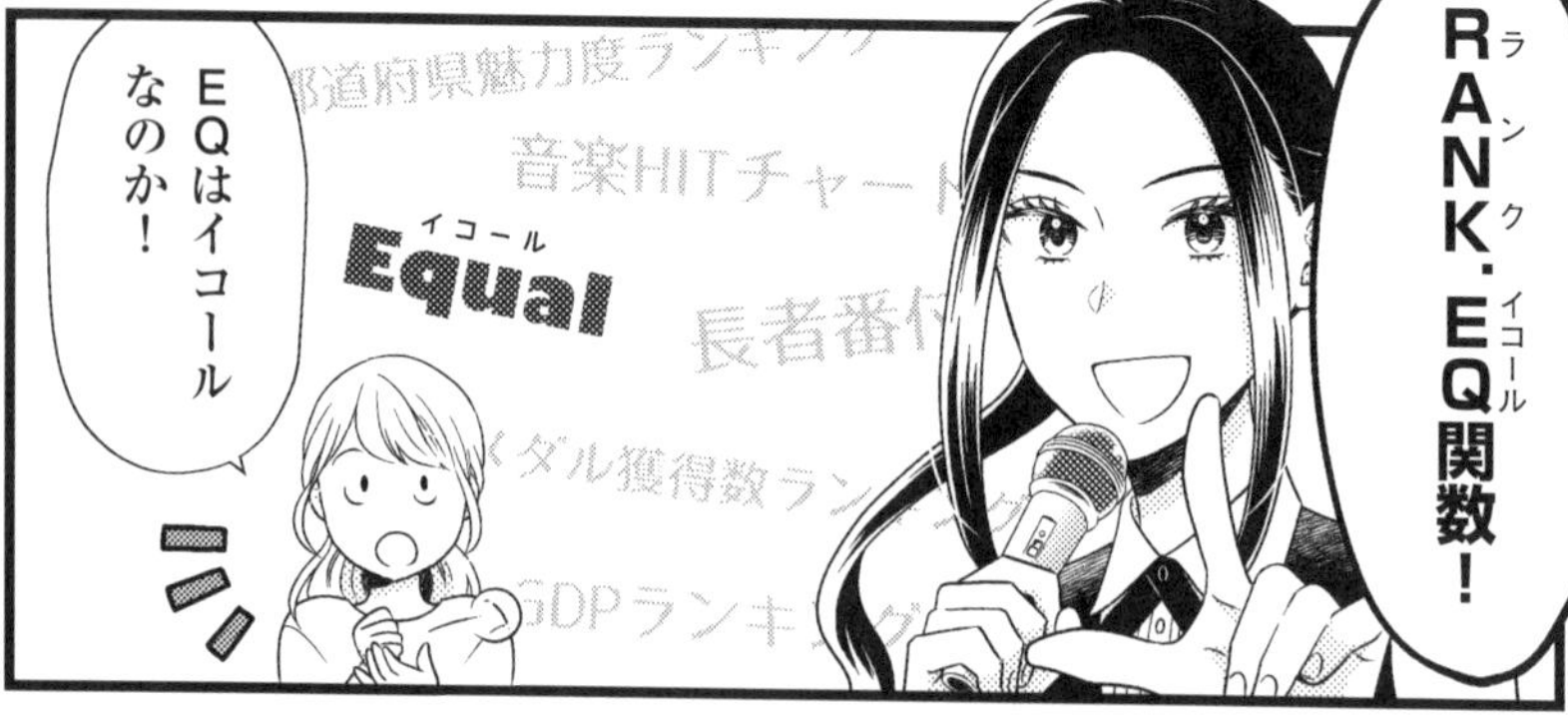

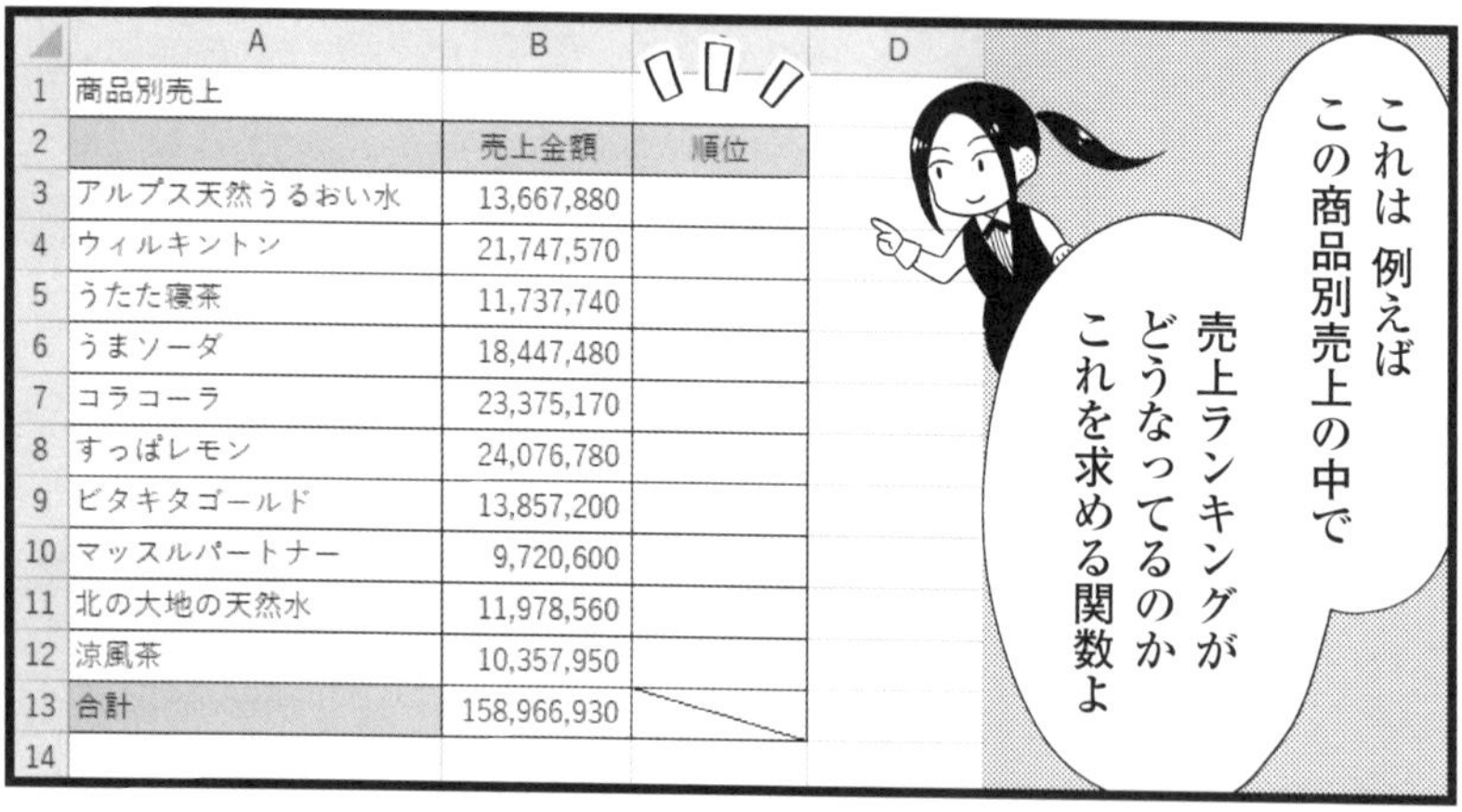

	A	B	C	D
1	商品別売上			
2		売上金額	順位	
3	アルプス天然うるおい水	13,667,880		
4	ウィルキントン	21,747,570		
5	うたた寝茶	11,737,740		
6	うまソーダ	18,447,480		
7	コラコーラ	23,375,170		
8	すっぱレモン	24,076,780		
9	ビタキタゴールド	13,857,200		
10	マッスルパートナー	9,720,600		
11	北の大地の天然水	11,978,560		
12	涼風茶	10,357,950		
13	合計	158,966,930		
14				

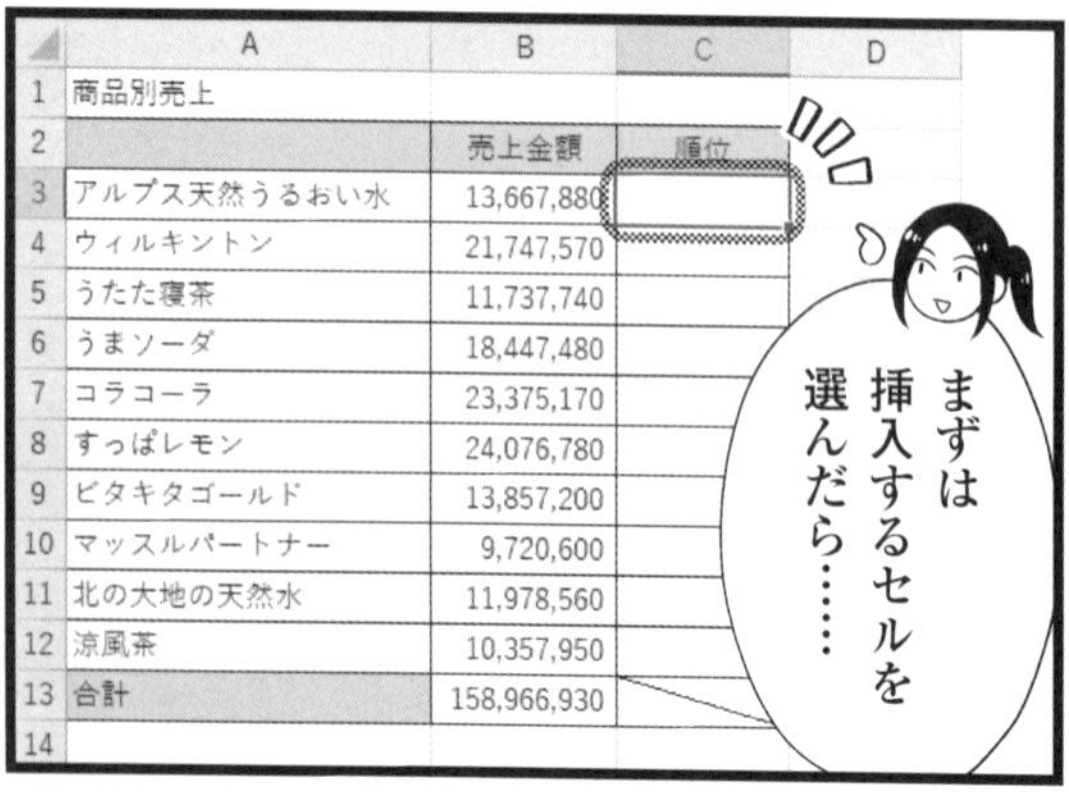

	A	B	C	D
1	商品別売上			
2		売上金額	順位	
3	アルプス天然うるおい水	13,667,880		
4	ウィルキントン	21,747,570		
5	うたた寝茶	11,737,740		
6	うまソーダ	18,447,480		
7	コラコーラ	23,375,170		
8	すっぱレモン	24,076,780		
9	ビタキタゴールド	13,857,200		
10	マッスルパートナー	9,720,600		
11	北の大地の天然水	11,978,560		
12	涼風茶	10,357,950		
13	合計	158,966,930		
14				

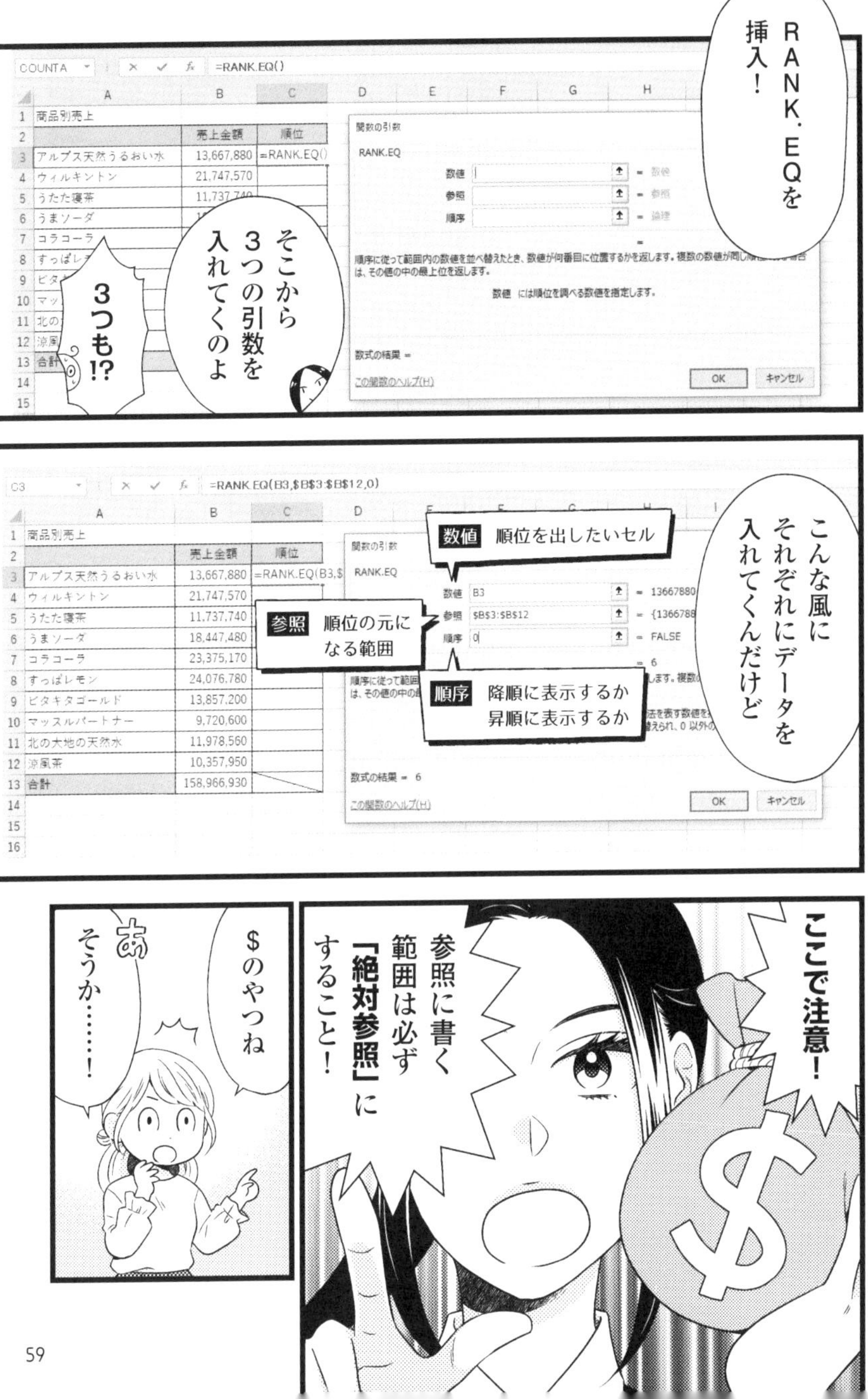
RANK.EQを挿入!
=RANK.EQ()
関数の引数
RANK.EQ
数値
参照
順序
順序に従って範囲内の数値を並べ替えたとき、数値が何番目に位置するかを返します。
数値 には順位を調べる数値を指定します。
数式の結果 =
この関数のヘルプ(H)
OK
キャンセル
そこから3つの引数を入れてくのよ
3つも!?
こんな風にそれぞれにデータを入れてくんだけど
=RANK.EQ(B3,$B$3:$B$12,0)
商品別売上
売上金額
順位
アルプス天然うるおい水 13,667,880 =RANK.EQ(B3,$
ウィルキントン 21,747,570
うたた寝茶 11,737,740
うまソーダ 18,447,480
コラコーラ 23,375,170
すっぱレモン 24,076,780
ビタキタゴールド 13,857,200
マッスルパートナー 9,720,600
北の大地の天然水 11,978,560
涼風茶 10,357,950
合計 158,966,930
数値 順位を出したいセル
参照 順位の元になる範囲
順序 降順に表示するか昇順に表示するか
数値 B3 = 13667880
参照 $B$3:$B$12
順序 0 = FALSE
数式の結果 = 6
ここで注意!
参照に書く範囲は必ず「絶対参照」にすること!
$のやつね
あ
そうか……!

=RANK.EQ(B3,$B$3:$B$12,0)
=RANK.EQ(B4,$B$3:$B$12,0)
C4 =RANK.EQ(B4,$B$3:$B$12,0)
1 商品別売上
2 売上金額 順位
3 アルプス天然うるおい水 13,667,880 6
4 ウィルキントン 21,747,570 3
5 うたた寝茶 11,737,740
6 うまソーダ 18,447,480
9 ピタキタゴールド 13,857,200
10 マッスルパートナー 9,720,600
11 北の大地の天然水 11,978,560
=RANK.EQ(B3,B3:B12,0)
=RANK.EQ(B4,B4:B13,0)
C4 =RANK.EQ(B4,B4:B13,0)
1 商品別売上
2 売上金額 順位
3 アルプス天然うるおい水 13,667,880 6
4 ウィルキントン 21,747,570 4
5 うたた寝茶 11,737,740
6 うまソーダ 18,447,480
7 コラコーラ
9 ピタキタゴールド
10 マッスルパートナー
11 北の大地の天然水
この違いもうわかるわね？
はい！
参照範囲が下の行にズレちゃってます！
ズビシッ
その通り！
ランキングの元になる範囲は動かしたくないから
ここは絶対参照にするの
わかりました！
B
売上金額
13,667,880
21,747,570
11,737,740
18,447,480
23,375,170
24,076,780
13,857,200
9,720,600
11,978,560
10,357,950
数値 B3
参照 $B$3:$B$12
順序
そして最後に順序！

C3
=RANK.EQ(B3,$B$3:$B$7,0)

	A	B	C	D
1	商品別売上			
2		売上金額	順位	
3	アルプス天然うるおい水	13,667,880	4	
4	ウィルキントン	21,747,570	2	
5	うたた寝茶	11,737,740	5	
6	うまソーダ	18,447,480	3	
7	コラコーラ	23,375,170	1	
8	合計	88,975,840		
9				

降順
売上数字が**大きい**ものから
1位、2位……

C3
=RANK.EQ(B3,$B$3:$B$7,1)

	A	B	C	D
1	商品別売上			
2		売上金額	順位	
3	アルプス天然うるおい水	13,667,880	2	
4	ウィルキントン	21,747,570	4	
5	うたた寝茶	11,737,740	1	
6	うまソーダ	18,447,480	3	
7	コラコーラ	23,375,170	5	
8	合計	88,975,840		
9				

昇順
売上数字が**小さい**ものから
1位、2位……

降順なら0 昇順なら1を入れればOKよ
降順 0
昇順 1
なるほど！
じゃあ今は0にしてクリックすれば～
ポチッ
0 ゼロ
カチッ

C3
=RANK.EQ(B3,$B$3:$B$12,0)

	A	B	C	D
1	商品別売上			
2		売上金額	順位	
3	アルプス天然うるおい水	13,667,880	6	
4	ウィルキントン	21,747,570		
5	うたた寝茶	11,737,740		
6	うまソーダ	18,447,480		
7	コラコーラ	23,375,170		
8	すっぱレモン	24,076,780		
9	ビタキタゴールド	13,857,200		
10	マッスルパートナー	9,720,600		
11	北の大地の天然水	11,978,560		
12	涼風茶	10,357,950		
13	合計	158,966,930		
14				

できた！
関数も英語も一緒に学んで one rock two birds (一石二鳥) よ！
Excellent
その英語合ってない気が…

オートSUMで合計を自由自在に ～SUM、AVERAGE、MAX、MIN～

合計はボタンで入力するのがお約束

さあ、この章からはどんどん関数を使っていきましょう。まずは、**合計を求めるSUM（サム）関数**です。合計は頻繁に使われる計算なのでリボンにボタンが用意されています。37ページのように、「関数の引数」画面を使った方法でも入力できますが、ボタンの方が手っ取り早いので「**SUMはボタンから**」と心得ましょう。

ボタンからSUM関数を入力するには、63ページのように操作します。合計を求めたいセルを選んで、「オートSUM」と表示された「ホーム」タブの「**合計**」ボタンをクリックすると、すぐさまSUM関数の式が入ります。

このとき、**合計対象となるセル範囲が自動判別され、それらのセルが点滅する枠で囲まれます**。このセル範囲が合計したいセル範囲と一致していれば、そのまま「Ｅｎｔｅｒ」キーを押しましょう。SUM関数の入力が完了し、セルに合計結果が表示されます。

SUM関数で売上金額を合計

●合計を求める

=SUM（数値1, 数値2…）

SUM関数は合計を求めるときに使う。引数「数値」には、合計したい数値、または数値が入力されたセル範囲を指定する。離れたセル範囲の場合は、カンマで区切って指定するので、「数値1」「数値2」のように引数が増える。

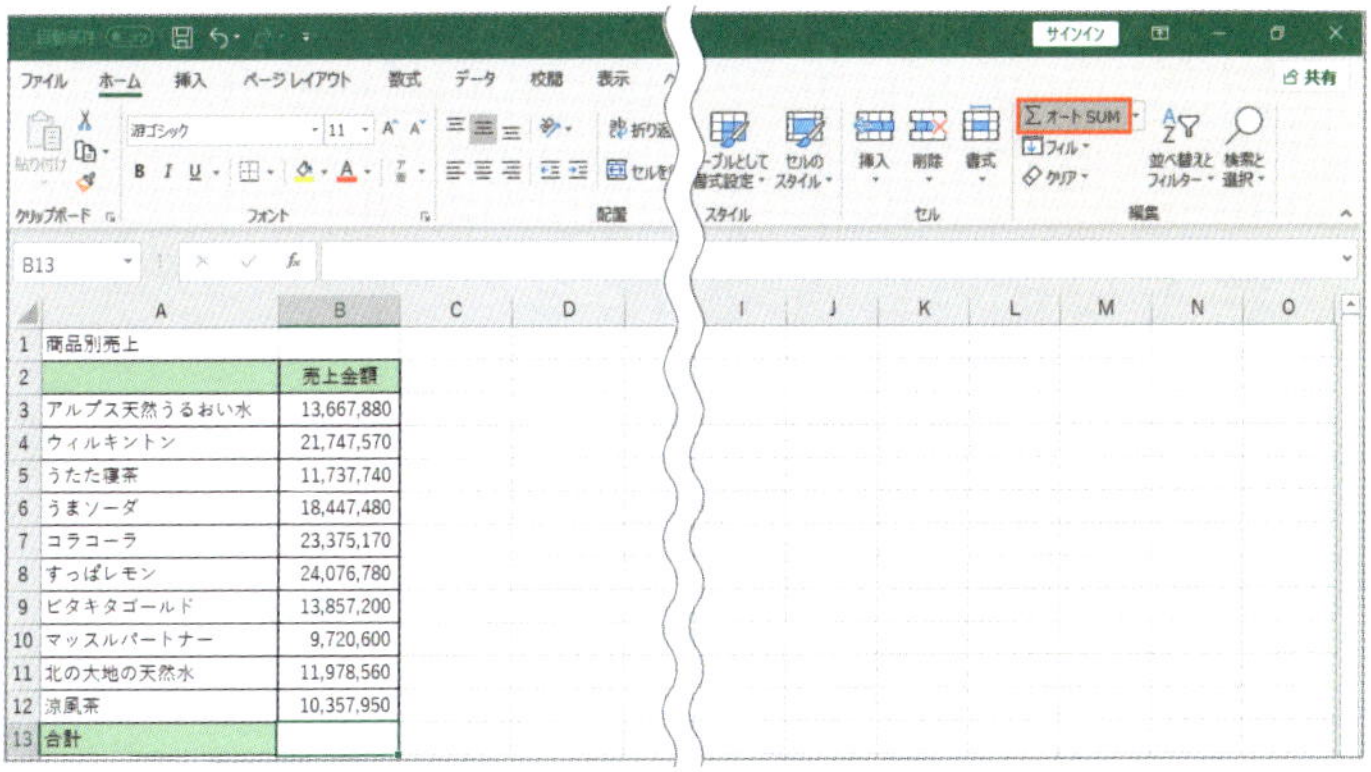

合計を求めたいB13セルを選んで「ホーム」タブの「合計（オートSUM）」をクリック。

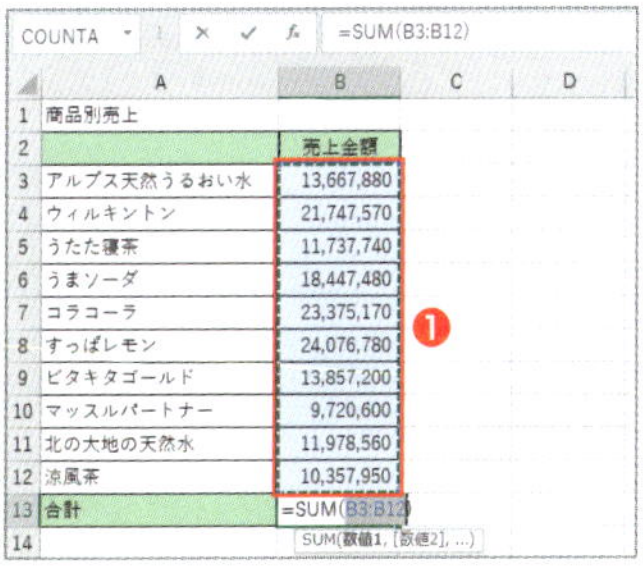

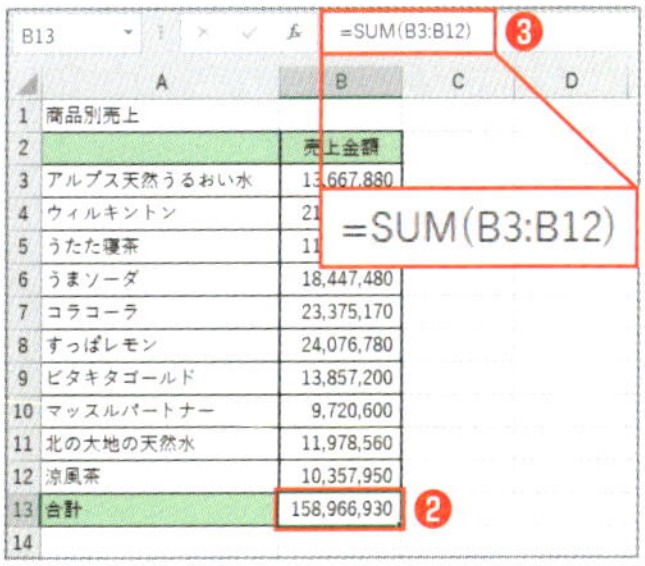

SUM関数の式が表示され、❶合計するセル範囲が点滅する。「Enter」キーを押すと❷セルには合計結果が表示される。❸入力されたSUM関数の式は数式バーで確認できる。

「合計（オートSUM）」ボタンをクリックしたときに、合計対象とみなされたセル範囲が常に正しいとは限りません。下の図の例では、B14セルにSUM関数を入力して、B3からB12セルの売上金額を合計したいのですが、「オートSUM」をクリックすると、B3からB13セルまでが合計範囲として選ばれてしまいます。

このように、**引数「数値」として自動選択されたセル範囲が間違っている場合は、正しい範囲を選びなおしましょう**。この例では、B3からB12までのセルをドラッグします。その後「Enter」キーを押せば、正しい範囲での合計が求められます。合計範囲が点滅枠で囲まれている間は、何度でも修正が可能です。

「数値」の範囲が正しくなければ選びなおす

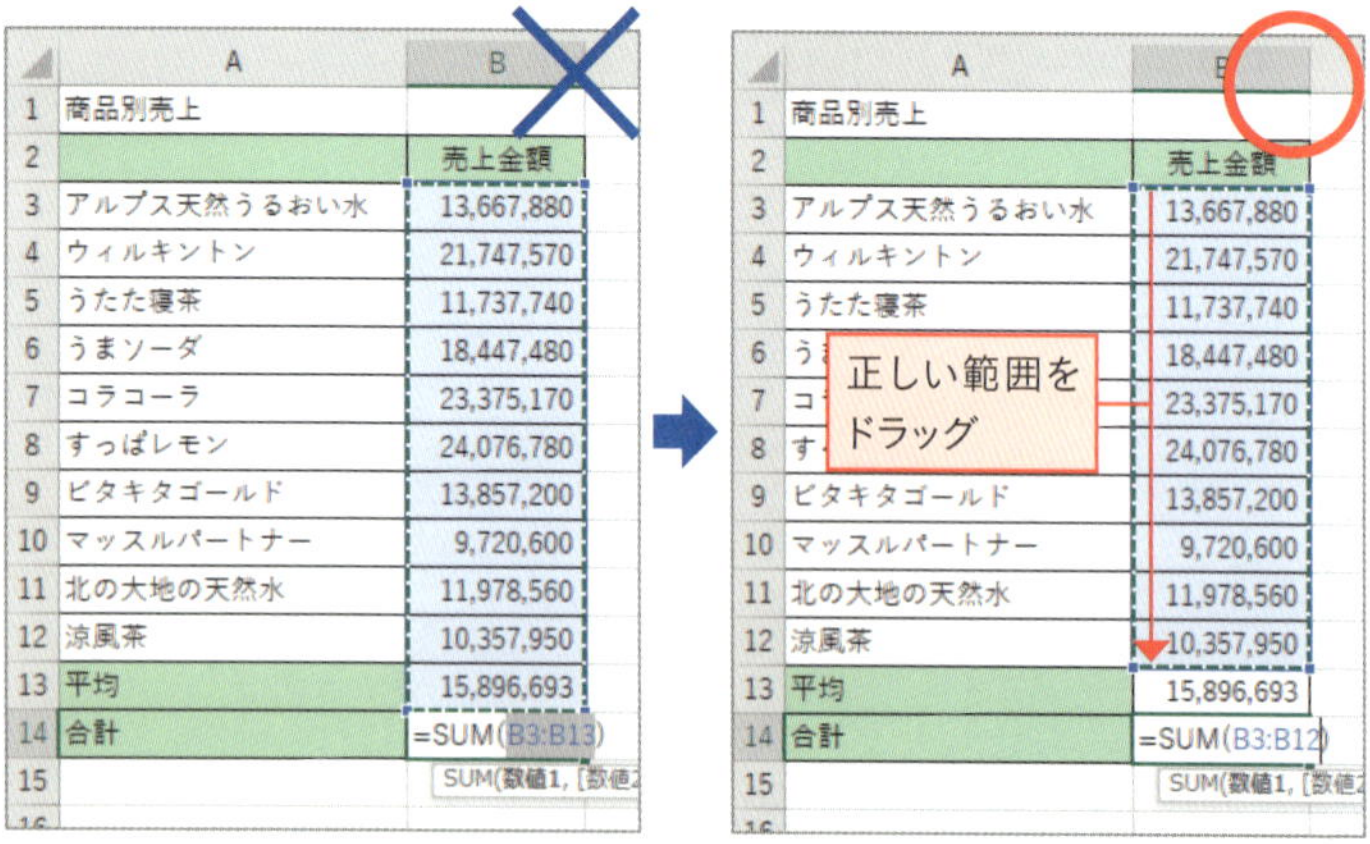

左の図では、B3からB13までのセルが引数として選択されているが、B13セルは合計範囲から除外したい。そこで、右図のように、B3からB12セルまでをドラッグして引数の範囲を修正しよう。

飛び石のように離れたセルの数値を合計したい場合もありますね。たとえば、お茶の商品の売上だけを合計したい場合、表の売上金額の中からB5とB12の二つのセルだけをピックアップして合計を求めます。

この場合は、「合計」ボタンをクリックしたら、まずB5セルをクリックします。次に「Ctrl」キーを押した状態でB12セルをクリックすると、B5とB12だけが合計範囲になります。B13セルに入力された数式は「=SUM(B5,B12)」となり、二つのセルはカンマで区切って表示されます。**三つ以上の範囲を選ぶ場合も、同様に「Ctrl」キーを押した状態で、クリックやドラッグを繰り返すと選ぶことができます。**

離れたセルは「Ctrl」キーを押しながら選ぶ

	A	B	C	D	E	F	G
1	商品別売上						
2		売上金額					
3	アルプス天然うるおい水	13,667,880					
4	ウィルキントン	21,747,570					
5	うたた寝茶	11,737,740 ❶					
6	うまソーダ	18,447,480					
7	コラコーラ	23,375,170					
8	すっぱレモン	24,076,780					
9	ビタキタゴールド	13,857,200					
10	マッスルパートナー	9,720,600					
11	北の大地の天然水	11,978,560					
12	涼風茶	10,357,950 ❷					
13	合計	=SUM(B5,B12)					
14		SUM(数値1, [数値2], ...)					
15							
16							
17							

離れたセルを合計する場合は、❶一つ目のセルを選択後、❷「Ctrl」キーを押した状態で二つ目以降のセルをクリックする。ここでは、セルB5とB12の数値を合計している。

平均や最大値もボタンで求められる

「売上金額の平均を求めたい」、「最も高い売上金額を知りたい」といった場合にも、「合計」ボタンは便利です。

下の図のように「合計」ボタンの右にある▼をクリックすると一覧が表示されます。ここから項目を選ぶだけで、合計以外にもよく使われる4種類の関数をすばやく入力できるからです。

ボタンから入力できる関数は平均を求める「AVERAGE（アベレージ）」、数値のセルを数える「COUNT（カウント）」、最大値を求める「MAX（マックス）」、最小値を求める「MIN（ミニマム）」の4種類です。

オートSUMからほかの関数も入力できる

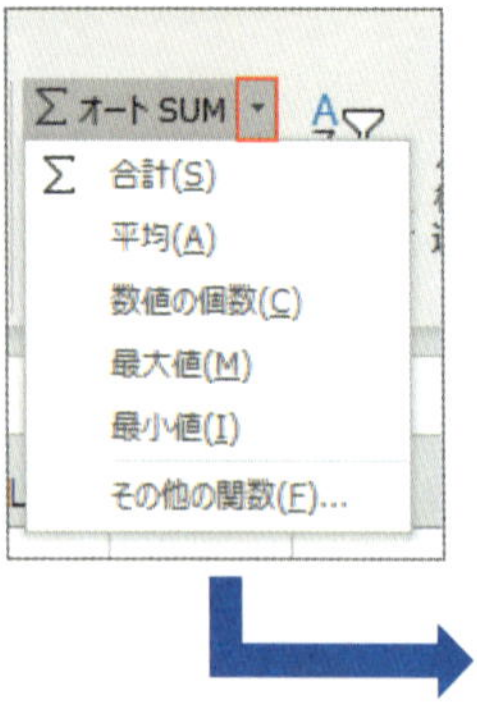

名称	入力される関数	内容
合計	SUM	合計を求める
平均	AVERAGE	平均値を求める
数値の個数	COUNT	数値のセルの個数を数える
最大値	MAX	最大値を求める
最小値	MIN	最小値を求める

「合計」ボタン右の▼をクリックすると、「平均」や「数値の個数」といった合計以外の計算方法を選ぶことができる。それぞれの名称を選ぶと、セルには対応する関数が入力される。

▶ 売上金額の平均や最大値などを求めた例

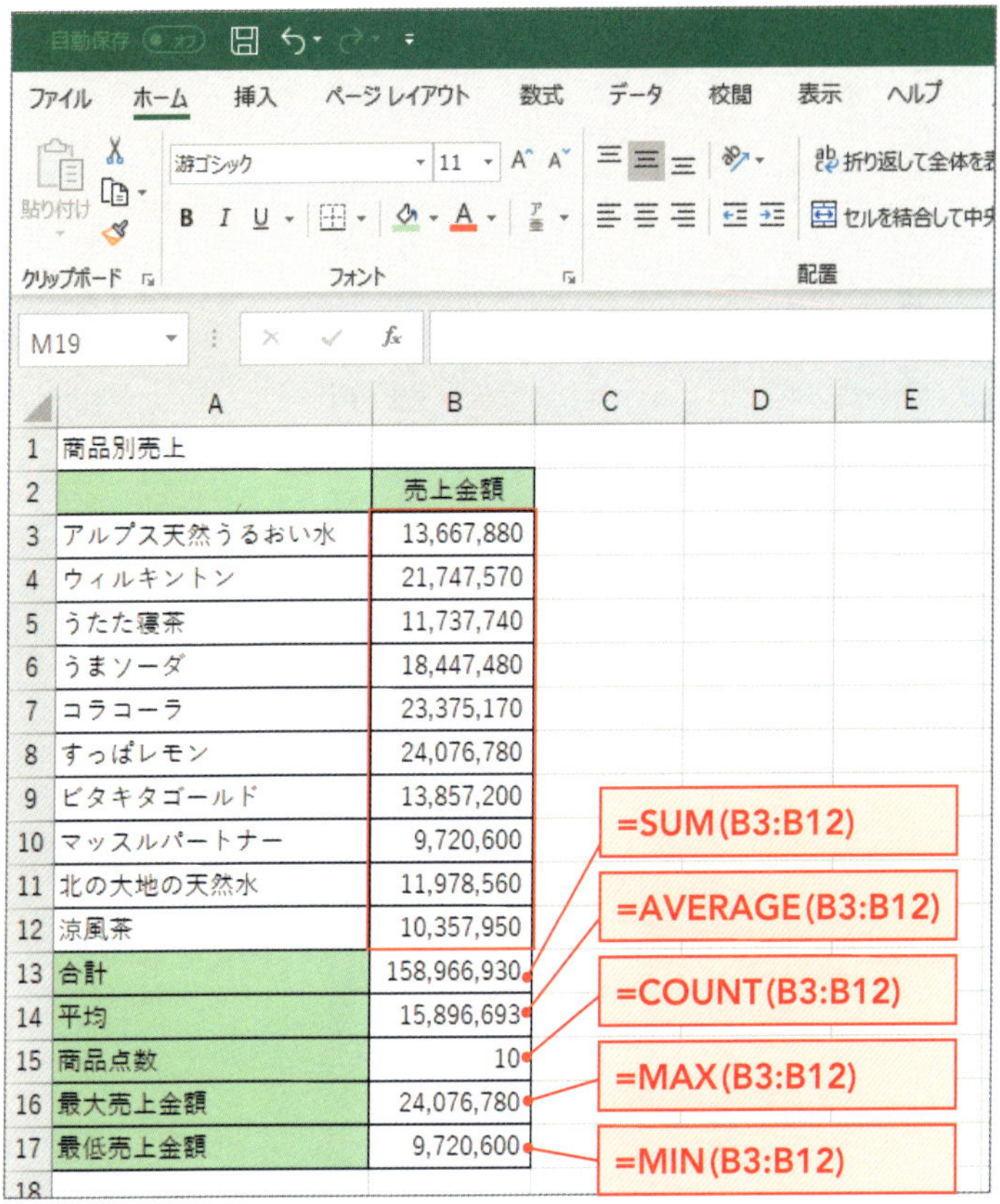

●平均を求める

=AVERAGE（数値1, 数値2…）

平均を求めるAVERAGE関数の引数「数値」には、数値が入力されたセル範囲を指定できる。数値を直接入力してもよい。66ページで紹介したCOUNT関数、MAX関数、MIN関数も引数の指定は同じだ。

では、実例を見てみましょう。67ページの表では、B3からB12までのセルに商品別の売上金額が入力されています。これらの金額データを元にして、B13からB17のセルに合計、平均、商品点数、売上の最高額、売上の最低額をそれぞれ求めてみました。計算には66ページで紹介した関数を使っています。

式の内容を見てみると、どれもカッコの中は同じですね。これは、**SUM、AVERAGE、COUNT、MAX、MINの5種類の関数は、どれも引数に計算の対象となるセルを指定する**からです。このように、**引数の指定方法が同じ関数は、まとめて覚えておきましょう**。求めたい計算に応じて関数の名前を変えるだけで、さまざまな計算ができるようになるため、活用範囲が一気に広がります。

では、それぞれの関数で何を計算しているかを一つずつ見ていきましょう。

B14セルには、AVERAGE関数の式を「=AVERAGE(B3:B12)」と入力して、B3からB12セルに入力された数値の平均を求めています。カッコの中の引数には、平均を求めたい数値が入力されたセル範囲を指定します。ちなみに**半角コロン「:」は「○○から○○まで」という範囲を表す**記号なので、この式では「B3からB12まで」の一連のセル範囲を対象にしています。これはほかの関数でも同じです。

B15セルに商品点数を求めるには、COUNT関数の式を「=COUNT(B3:B12)」と入力します。COUNT関数は、引数に指定したセルの中に、数値が入力されたセルがいくつあるかを求めます。このとき、各商品の売上金額は一つずつセルに入力されているので、B3からB12までのセル範囲から数値が入力されたセルの個数を数えると商品点数が求められます。なお、COUNT関数については、71ページで詳しく紹介します。

▶ AVERAGE関数で金額の平均を求める

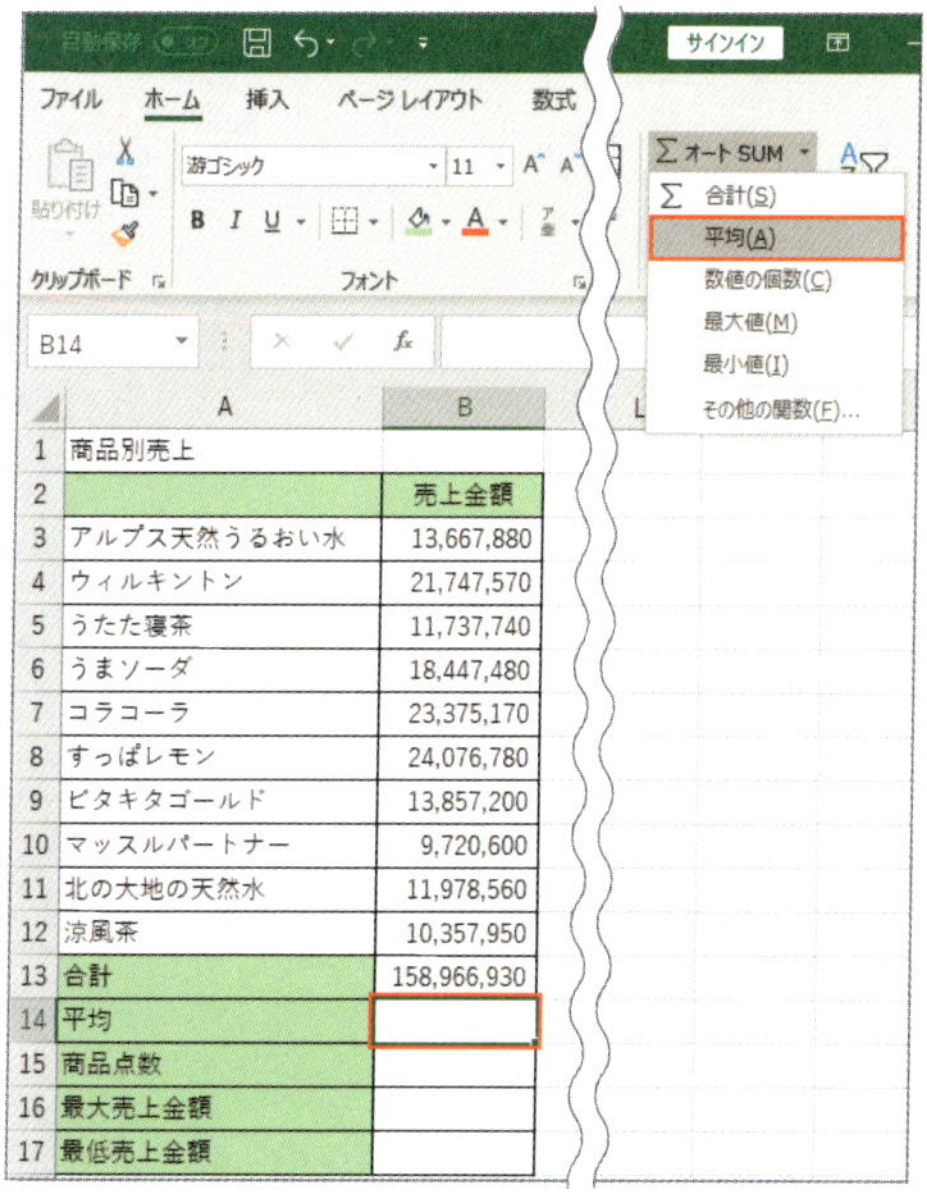

平均を求めたいB14セルを選んで「ホーム」タブの「合計(オートSUM)」右の▼から「平均」を選ぶ。

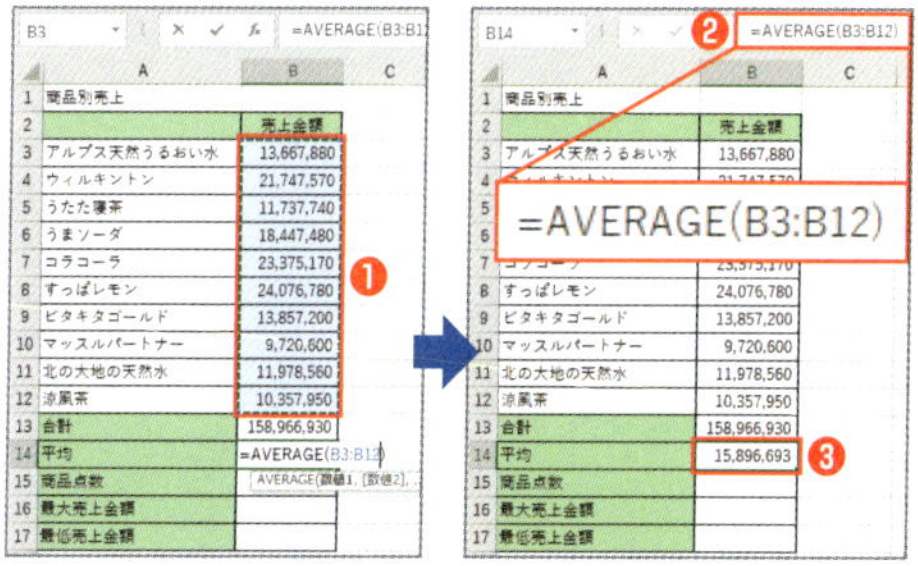

AVERAGE関数の式が表示される。❶平均を求めるセル範囲(B3からB12)をドラッグして選び、「Enter」キーを押すと、❷関数の式が入力され、❸セルには平均が求められた。

セル範囲の中で最も大きな数値を求めるにはMAX関数を、反対に最も小さな数値を求めるにはMIN関数を使います。そこで、B16セルに、「=MAX(B3:B12)」と入力してB3からB12までのセルに入力された売上金額の最高額を求め、B17セルには「=MIN(B3:B12)」と入力して、売上の最低金額を求めています。いずれの関数でも、引数には、計算の対象となるセル範囲を指定するので、その部分は共通で「B3:B12」となるわけですね。

これらの関数を入力する詳しい手順は69ページを参考にしてください。この例では、AVERAGE関数を入力する方法を紹介していますが、ほかの関数も同様で、**「合計」ボタンの▼をクリックし、「平均」、「数値の個数」といった種類を選ぶとそれぞれの計算を行う関数が自動的に入力されます**。続けて計算対象となるセルが点滅するため、セル範囲に誤りがある場合は、ドラッグしなおして修正しましょう。

まとめ

①合計を求めるSUM関数は、「合計（オートSUM）」ボタンを使うと、セル範囲を確認するだけですばやく入力できる。

②「合計（オートSUM）」ボタンを使うと、平均を求めるAVERAGE関数や最大値を求めるMAX関数なども入力できる。

さまざまなセルを「数える」～COUNT、COUNTA、COUNTBLANK～

COUNT、COUNTA、COUNTBLANKは数える対象で使い分ける

「カウント」とは数えること。セルの数を数えることで、業務ではさまざまな「件数」を求められます。そこで次に「数える」関数三つをまとめて覚えましょう。今日子さんが紹介していたCOUNTブラザーズこと**COUNT（カウント）関数**、**COUNTA（カウントエー）関数**、**COUNTBLANK（カウントブランク）関数**ですね。

3兄弟ならぬ三つの関数の違いについてはマンガでも解説されていましたが、そのヒントになるのが関数の名前です。エクセル関数の名前は英語がベースなので、英語の意味を考えるとぐっと覚えやすくなります。英語といっても難しいものはほとんどないので、麻衣さんのように英語が苦手でもノープロブレムです。

さっそく72ページの図を見てみましょう。COUNT、COUNTA、COUNTBLANK

▶ COUNT系の三つの関数をまとめて理解

●数値が入力されたセルを数える
＝COUNT（値1，値2…）

●数値・文字列など何らかの
データが入力されたセルを数える
＝COUNTA（値1，値2…）

●空白のセルを数える
＝COUNTBLANK（範囲）

COUNT、COUNTA、COUNTBLANKの三つの関数は、それぞれ上の内容でセルの個数を求める。COUNTとCOUNTAの引数「値」には、対象となるデータが入力されたセル範囲を複数指定できるが、COUNTBLANKの引数「範囲」では指定できるセル範囲は一ヵ所になる。

は、いずれも「**セルの数を数える**」仕事をします。言い換えると「〇〇なセルがいくつあるのか」を求める関数ですね。違うのは〇〇の部分、つまり数えたいセルの内容が変わります。

セルには、文字列や数値などさまざまなデータが入力されています。66ページでも紹介したように、**COUNTはそれらのデータの中から、数値が入力されたセルを数える**関数です。

73ページの表は、商品サンプルを街頭で配布した際の数量を、配布場所ごとにまとめたものです。3月1日のデータが入力されたB3からB9までのセル範囲には、数値が入力されたセルと「中止」という文字列が入力されたセルがありますね。数値は配布したサンプルの数を表すので、数値が入力されているセルは配布が行われた場所になります。一方「中止」と表示されたセルは、配布予定だったものの何らかの事情でサンプル配布が行われなかった場所を意味します。

ここまでの内容を踏まえて、「(サンプルを) 配布した場所の数」と「配布予定だった場所の数」を求めてみましょう。実際

表から「数値」、「データ」、「空欄」を数える

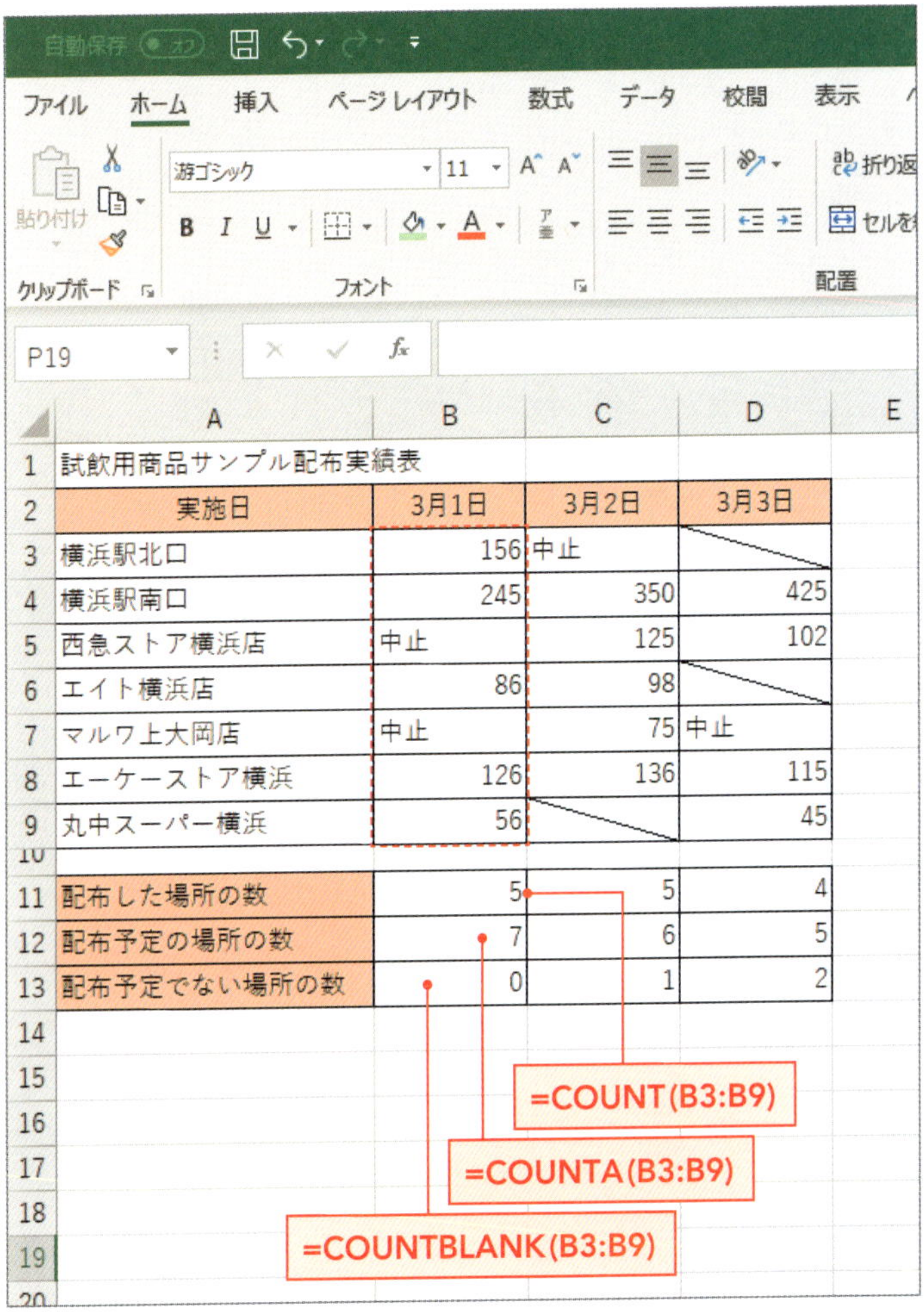

	A	B	C	D
1	試飲用商品サンプル配布実績表			
2	実施日	3月1日	3月2日	3月3日
3	横浜駅北口	156	中止	
4	横浜駅南口	245	350	425
5	西急ストア横浜店	中止	125	102
6	エイト横浜店	86	98	
7	マルワ上大岡店	中止	75	中止
8	エーケーストア横浜	126	136	115
9	丸中スーパー横浜	56		45
10				
11	配布した場所の数	5	5	4
12	配布予定の場所の数	7	6	5
13	配布予定でない場所の数	0	1	2

上の表では、COUNT系の三つの関数を図のように入力して、「配布した場所の数」、「配布予定の場所の数」、「配布予定でない場所の数」を求めている。それぞれの計算にはどの関数を使えばいいのかを理解しよう。

に「配布した場所の数」を求めるには、COUNT関数を使ってB3からB9までのセルに含まれる数値のセルを数えればいいので、B11セルに「=COUNT(B3:B9)」と入力します。

一方、B12セルに「配布予定の場所の数」を求めるには、COUNTA関数を使います。**COUNTA関数は、数値に限らず、文字列など何らかのデータが入力されたセルをすべて数えます**。COUNTA関数の「A」とは「ALL」のこと、つまり「全ての種類のデータ」と考えれば覚えやすいですね。

ここでは、数値のセルだけではなく「中止」という文字列のセルも含めて数を数えたいので、B12セルには「=COUNTA(B3:B9)」と入力します。これで、配布予定とされていた場所の数が求められます。

最後に、B13セルに「配布予定ではない場所の数」を求めてみましょう。これには、COUNTBLANK関数を使います。COUNTBLANKの「BLANK」とは「空白」や「空欄」を意味します。つまり、**COUNTBLANKは空欄セルを数える関数**です。

73ページの集計表には、斜線を引いたセルがありますね。斜線のセルは最初からサンプル配布の予定がなかった場所を意味します。これらのセルにはデータは入力されていないため空欄です。

そこで、B13セルに「=COUNTBLANK(B3:B9)」と入力すると、B3からB9までのセルに含まれる空欄セル（斜線のセル）の数が求められるので、最初から配布予定ではなかった場所の

COUNTA関数を入力する

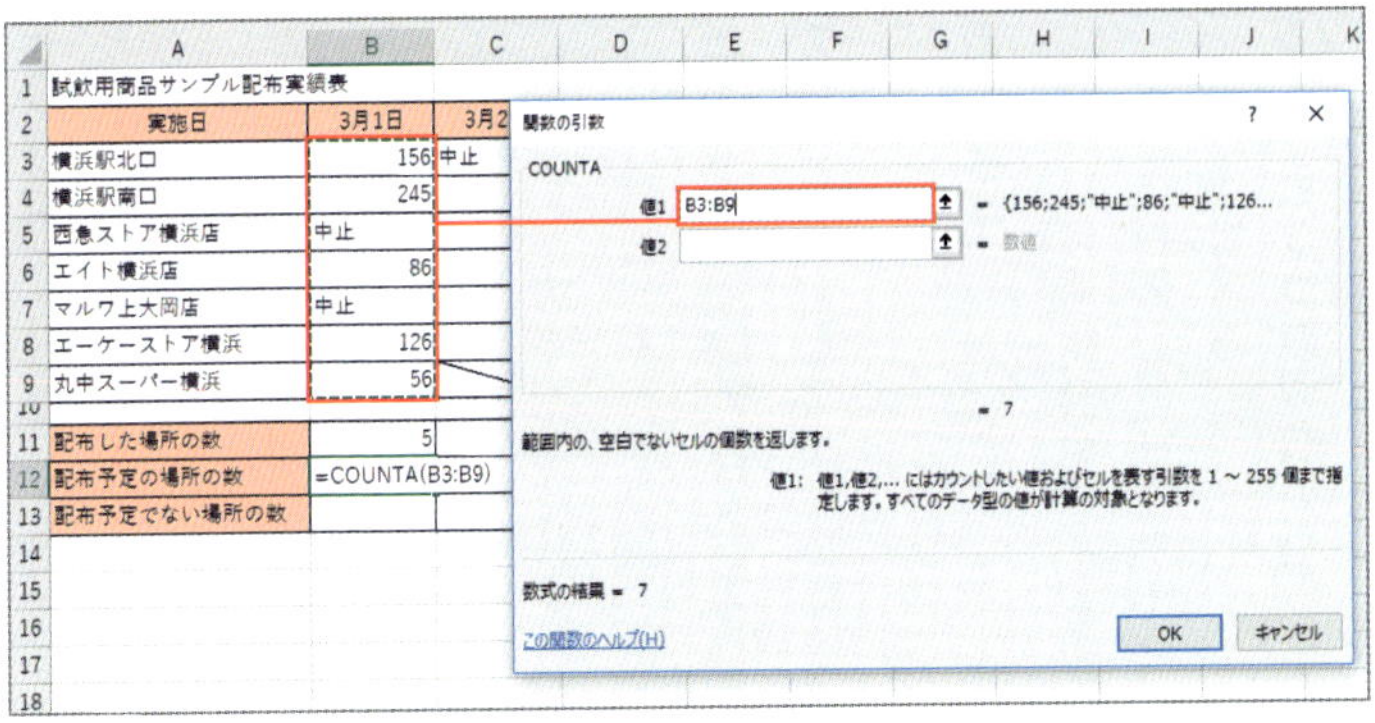

37ページの手順でCOUNTA関数の「関数の引数」画面を開いたら、「値1」欄をクリックし、B3からB9までのセル範囲をドラッグして指定する。済んだら「OK」をクリックする。

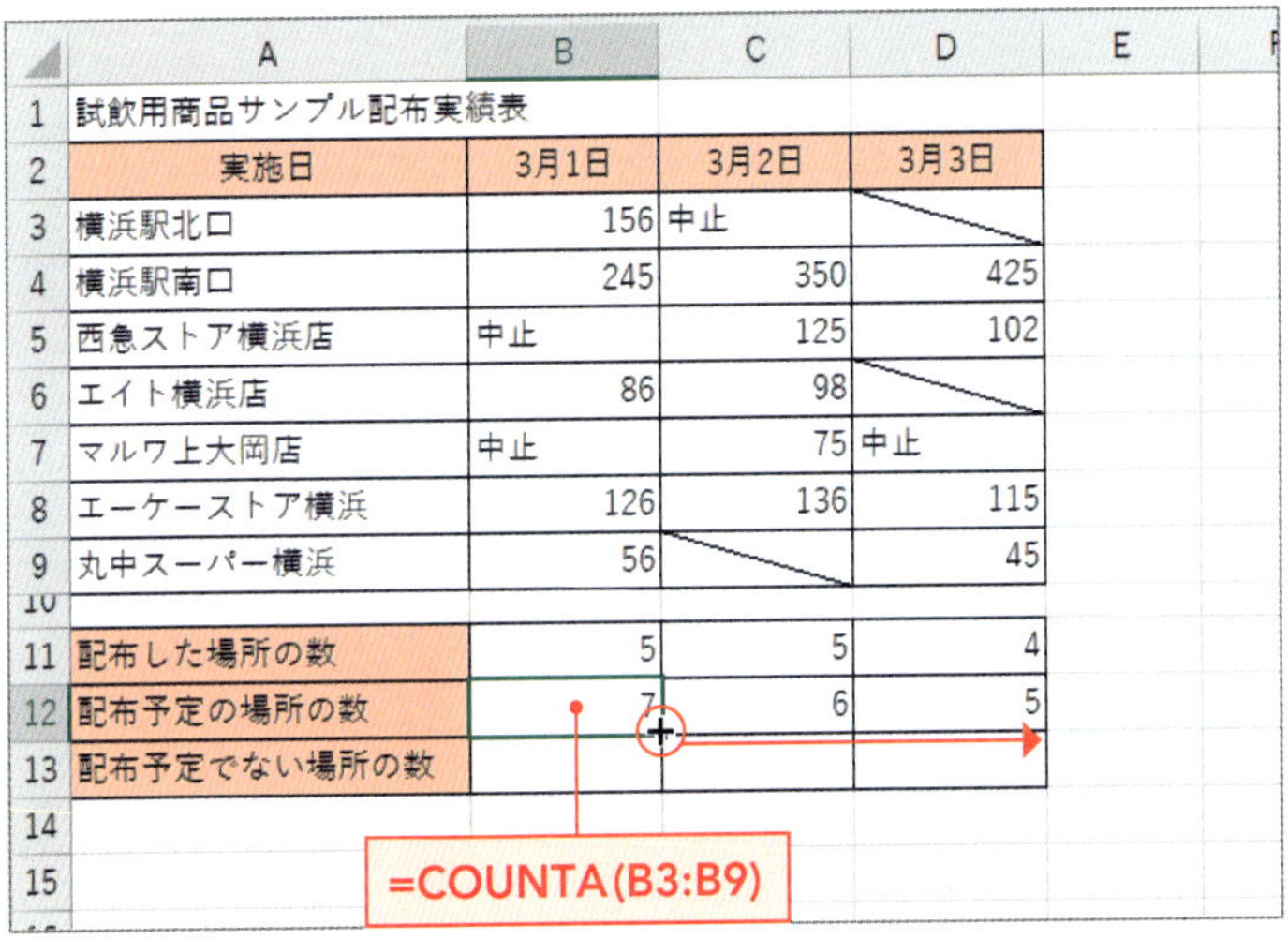

	A	B	C	D
1	試飲用商品サンプル配布実績表			
2	実施日	3月1日	3月2日	3月3日
3	横浜駅北口	156	中止	
4	横浜駅南口	245	350	425
5	西急ストア横浜店	中止	125	102
6	エイト横浜店	86	98	
7	マルワ上大岡店	中止	75	中止
8	エーケーストア横浜	126	136	115
9	丸中スーパー横浜	56		45
10				
11	配布した場所の数	5	5	4
12	配布予定の場所の数	7	6	5
13	配布予定でない場所の数			

B12セルにCOUNTA関数の式が入力され、3月1日に配布予定だった場所の数が求められた。オートフィル操作でCOUNTA関数の式をコピーすると、それぞれの日の結果が求められる。

数を数えることができるのです。

これらの関数を入力する手順は、75ページのようになります。ここでは、COUNTA関数を入力して「配布予定の場所の数」を求めていますが、COUNTBLANK関数も同様に入力できます。なお、数値のセルを数えるCOUNT関数だけは66ページで紹介したように「オートSUM」ボタンからでも入力できます。

COUNT、COUNTA、COUNTBLANKのように、同じ種類の関数は、違いを確認したうえでまとめて覚えておくと理解が早く、活用の場面も増えますね。

さらに、表を作るときには、**後から関数で集計する作業を見越して作ると、数値や文字列、空欄などを的確に使い分けてデータを入力するようになります**。関数を日常的に使うようになると、日頃の表作りにおいてもおのずと意識が変わってくるのです。

まとめ

①COUNT関数を使うと数値のセルの数を求められる。同様に、COUNTA関数はデータが入力されたセルを、COUNTBLANK関数は空欄のセルをそれぞれ数えることができる。

②これら3つの関数の引数には、数えたいセルを含めたセル範囲を指定する。

端数を処理して数値をすっきり見せる ～ROUND、ROUNDUP、ROUNDDOWN～

売上金額を百万単位で表示するには？

売上計画表などで桁の大きな数字を集計したとき、端数部分を切り捨ててざっくり「○百万円」のように表示したいと思ったことはありませんか。また、年間売上を割り算して一月当たりの平均額を求めた場合、割り切れなくて小数部分が延々と続いてしまうこともありますね。こんなときは、計算結果を四捨五入して小数第○位までの表示にするとすっきりします。

このように、四捨五入や切り捨てといった処理を加えて数値を見やすく加工する場合も関数が活躍します。そこで今度は「ROUND（ラウンド）」、「ROUNDUP（ラウンドアップ）」、「ROUNDDOWN（ラウンドダウン）」という三つの関数を紹介しましょう。今日子さんが話していたROUNDシスターズです。今度は3姉妹ですね。

ちなみに、数字の端数を処理することを「丸める」と言いますが、これは英語では「ROUND」という言葉で表します。ROUND関数という名前はここから来ているわけですね。

下の図の集計表で、年間売上額を「○百万」のような概算表示にしてみましょう。端数の処理の仕方には、「四捨五入」、「切り上げ」、「切り捨て」の3種類があります。**四捨五入にはROUND関数**を使い、**切り上げにはROUNDUP関数**を、反対に、**切り捨てにはROUNDDOWN関数**をそれぞれ利用します。

ここでは、D列の数値を元に、E列のセルにはROUND関数で四捨五入して百万まで表示した金額を求めています。同様にF列にはROUNDUP関数で十万の位を切り上げした金額を、G列にはROUNDDOWN関数で切り捨てした金額がそれぞれ表示されています。

年間売上の端数を処理して百万単位で表示

	A	D	E	F	G
1	支社別売上				
2		年間実績	概算(四捨五入)	概算(切り上げ)	概算(切り捨て)
3	東京	1,150,418,152	1,150,000,000	1,151,000,000	1,150,000,000
4	大阪	894,709,773	895,000,000	895,000,000	894,000,000
5	名古屋	881,344,969	881,000,000	882,000,000	881,000,000
6	福岡	726,440,326	726,000,000	727,000,000	726,000,000
7	合計	3,652,913,220	3,653,000,000	3,653,000,000	3,652,000,000

=ROUNDUP(D3,-6)

=ROUND(D3,-6)

=ROUNDDOWN(D3,-6)

年間実績の金額を、百万単位で四捨五入、切り上げ、切り捨てしたい。こんなときは、それぞれROUND関数、ROUNDUP関数、ROUNDDOWN関数を使う。指定の仕方は同じなので三つまとめて覚えよう。

数値の端数を処理するROUND系の3関数

●数値を四捨五入する

=ROUND（数値, 桁数）

●数値を切り上げする

=ROUNDUP（数値, 桁数）

●数値を切り捨てする

=ROUNDDOWN（数値, 桁数）

ROUNDは四捨五入、ROUNDUPは切り上げ、ROUNDDOWNは切り捨てする。「数値」には、数値が入力されたセルを指定し、「桁数」には、端数処理の対象となる桁を80ページのような数値で指定する。

上の図からわかるようにROUND関数、ROUNDUP関数、ROUNDDOWN関数の引数は共通です。指定の仕方が同じなので、COUNTブラザースのときのように、ROUNDシスターズもまとめて覚えてしまいましょう。

そんなROUND系関数の引数は、「**数値**」と「**桁数**」の二つです。最初の引数「数値」には、四捨五入など**端数処理の対象になる数値データが入力されたセル**を単独で指定します。数値そのものを指定してもかまいません。

もう一つの引数「桁数」には、**端数を処理した結果、どの桁まで表示するか**を指定します。これについては80ページで詳しく紹介します。

引数「桁数」には、処理の対象になる桁を下の表のような数値で指定します。

桁数を決めるときのルールは次のようになります。まず、四捨五入、切り上げ、切り捨てといった処理の結果、**整数にして一の位までを表示する場合は「0」を指定**します。そして、それより**桁が上がると1ずつマイナス**し、逆に**桁が下がって小数部分まで表示する場合は、1ずつプラス**した数値を指定します。

たとえば、「19,867」を四捨五入して百の位まで表示する場合の「桁数」は「-2」となります。また、「15.263」を切り上げして小数第1位まで表示する場合、「桁数」には「1」と指定するわけです。

「桁数」とは

処理する桁	…… 千の位	百の位	十の位	一の位	小数第1位	小数第2位	小数第3位 ……
「桁数」の指定	…… -3	-2	-1	0	1	2	3 ……

−1　−1　+1　+1

例1）「19867」を四捨五入して、百の位まで表示する
→　＝ROUND(19876,　-2)　→　19900
例2）「15.263」を切り上げして小数第1位まで表示する
→　＝ROUNDUP（15.263,　1）　→　15.3

「桁数」には、四捨五入、切り上げ、切り捨てなどの処理をする桁を指定する。末尾の桁が一の位、つまり整数になる場合を「0」として、桁が上がれば-1、桁が下がる場合は+1ずつ数値を増減すればいい。

ROUND関数を入力する

引数の指定方法が頭に入ったところで、実際に関数を入力してみましょう。ここでは、**E列にROUND関数を入力して、D列の年間売上額を四捨五入し、百万の位までを表示**します。

手順は下の図のようになります。まず、四捨五入した金額を表示したい最初のセルE3を選び、37ページの手順でROUND関数を挿入しましょう。セルにROUND関数の式が途中まで入力され、「関数の引数」画面が開いたら、引数を順番に指定します。

最初の引数「**数値**」には、四捨五入する数値が入力されている**D3セル**を指定し

ROUND関数で四捨五入して百万まで表示する（手順1）

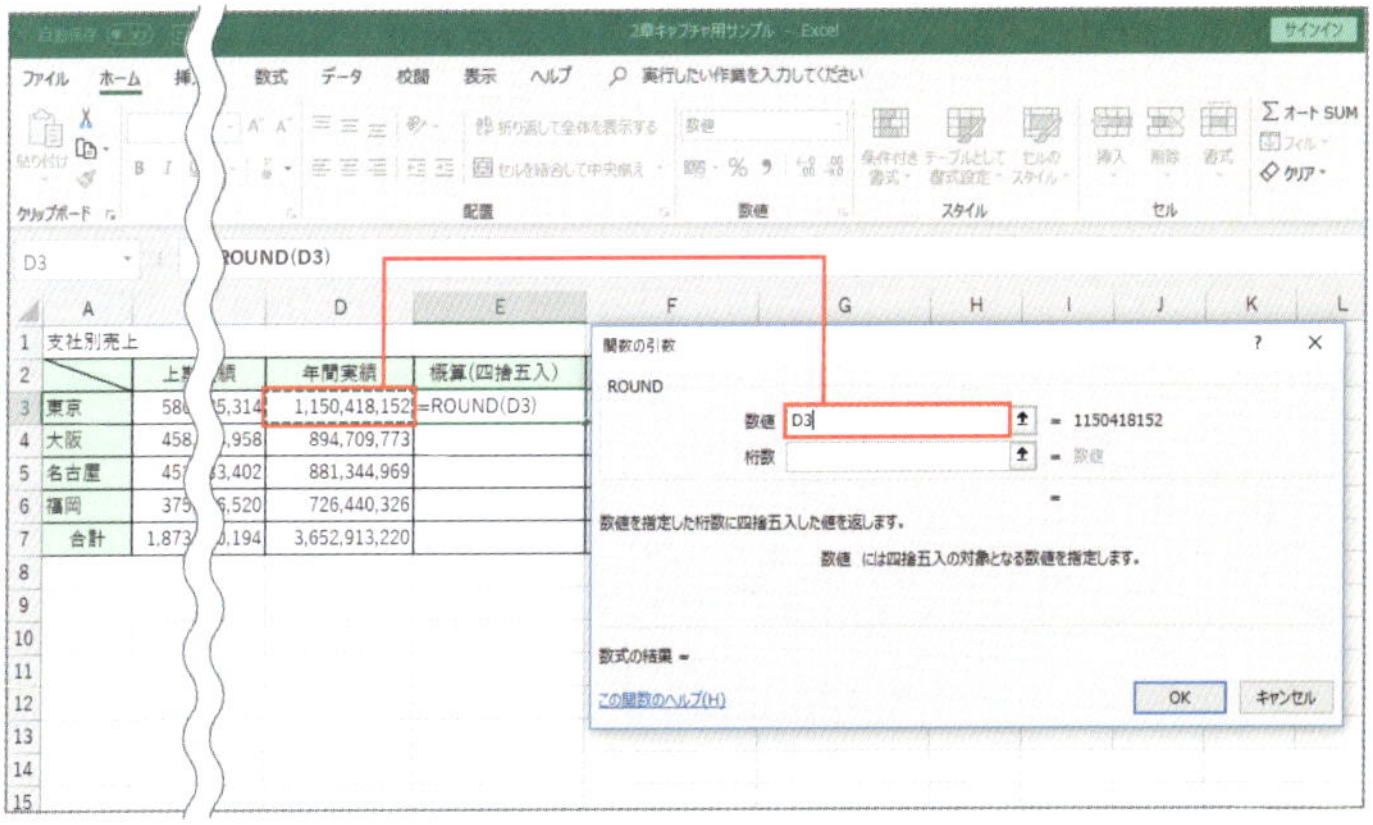

E3セルを選んで、37ページの手順でROUND関数の「関数の引数」画面を開いたら、「数値」欄をクリックし、D3セルを指定する。

次ページへ続く

ROUND関数で四捨五入して百万まで表示する（手順2～3）

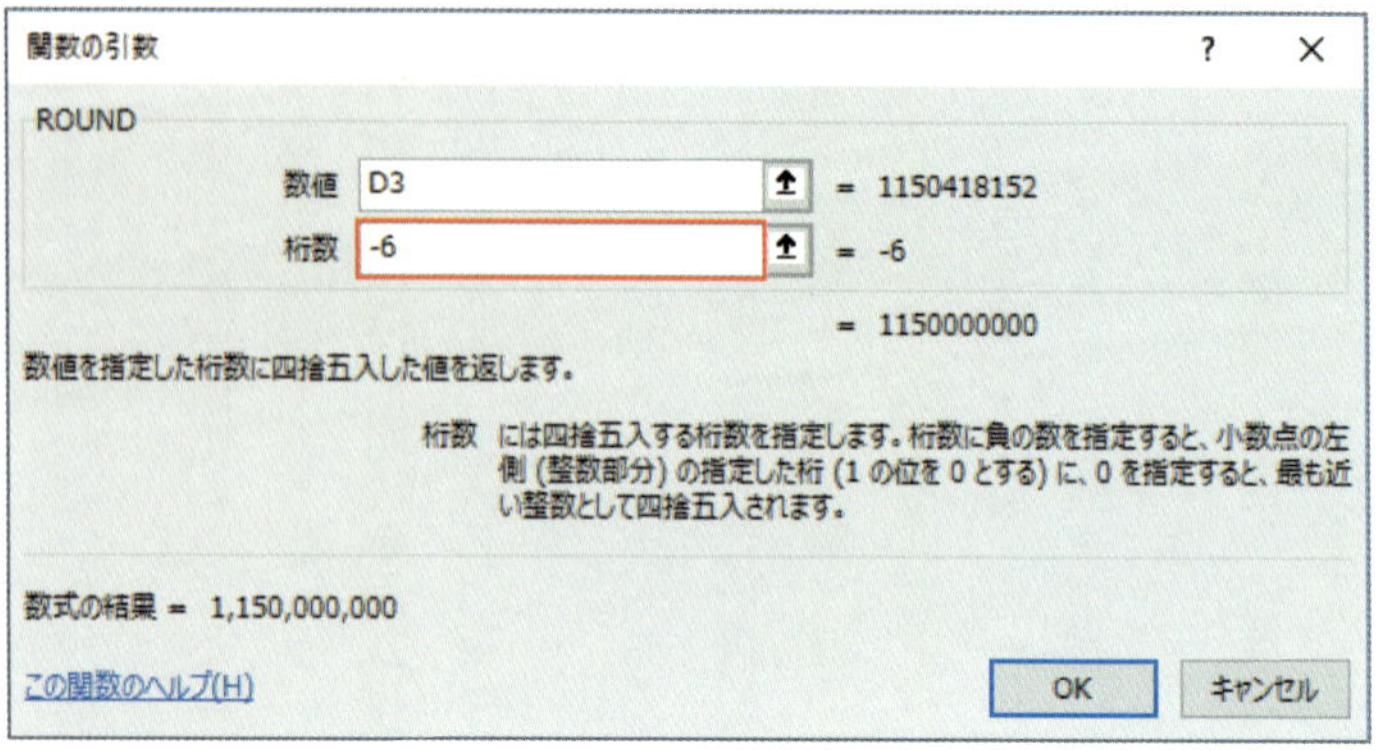

四捨五入した結果、百万の位まで表示するので、「桁数」には「-6」と入力し、「OK」をクリックする。

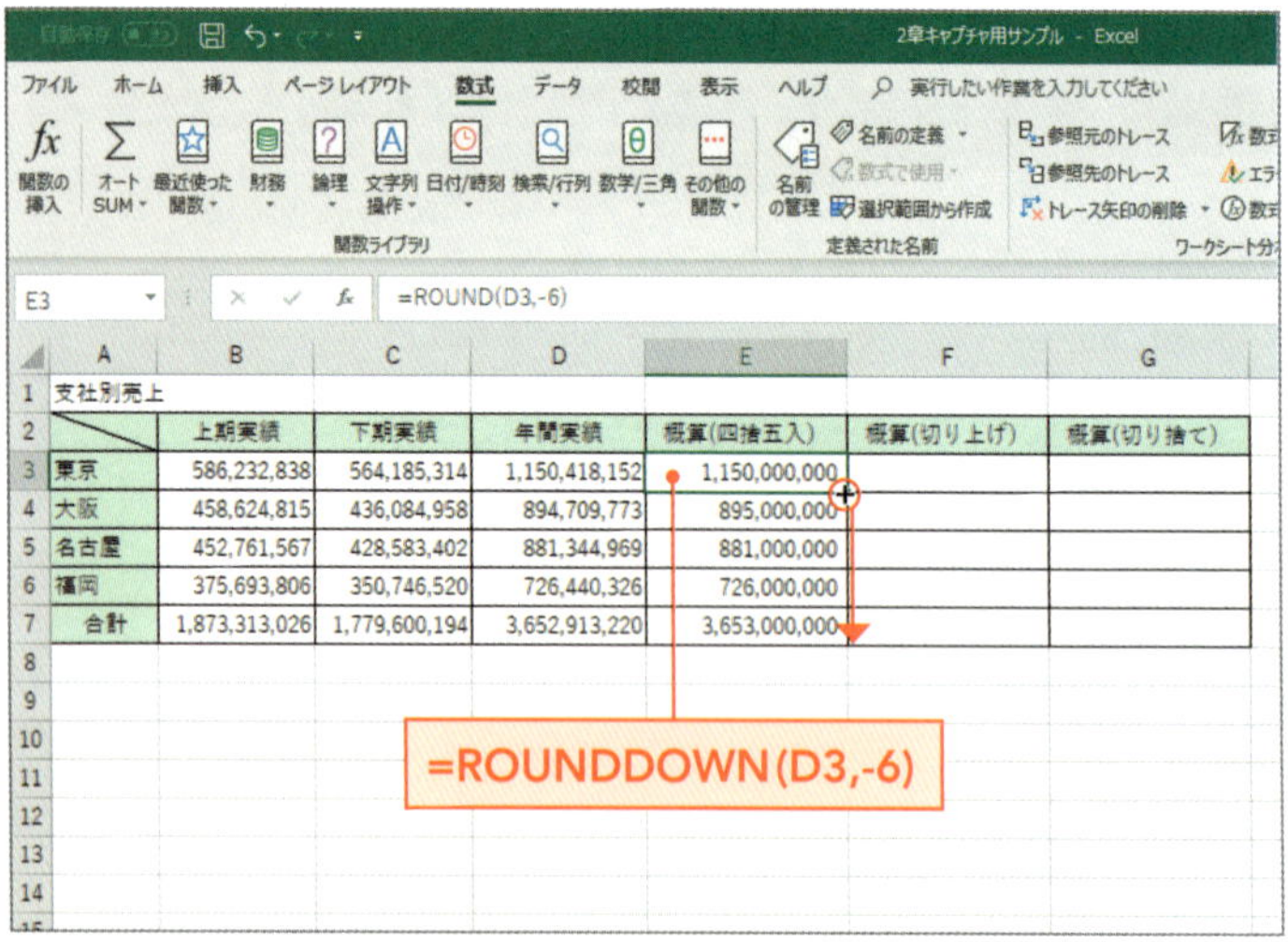

E3セルにROUND関数の式が入力された。オートフィル操作でE4からE7セルにROUND関数の式をコピーすれば、ほかの支社の金額を四捨五入した結果が表示される。

ます。

続けて、「桁数」の欄をクリックして「-6」と入力します。これは、四捨五入した結果、百万の位まで表示するため、80ページの「桁数」のルールから「-6」となります。「OK」をクリックして完了すると、E3セルにROUND関数の式が「=ROUND(D3,-6)」と入力され、セルには四捨五入された結果が「1,150,000,000」のように表示されます。オートフィルを実行して、E3セルの式を下にコピーすれば、他の支店の年間実績を四捨五入された結果が同じように表示されます。

切り上げや切り捨ても同様の操作で求められます。**F列にROUNDUP関数を入力して切り上げした結果を、G列にはROUNDDOWN関数を入力して切り捨てした結果を求める**と、78ページの図のようになるわけですね。

まとめ

①ROUND関数を使うと数値の端数を四捨五入できる。同様に、ROUNDUP関数は端数を切り上げし、ROUNDDOWN関数は切り捨てをすることができる。
②これらの関数では、引数「数値」に処理の対象となるセルを、「桁数」に処理したい桁をそれぞれ指定する。

金額をもとに順位を求める ～RANK.EQ～

商品の売上順位を求めたい

「商品を売上順に並べた時の順位を知りたい」、「取引額の大きい順に顧客をランク分けしたい」そんな望みをかなえてくれるのがランキングを出す**RANK.EQ（ランクイコール）関数**です。

RANK.EQ関数は、**数値どうしを比較して、何番目に大きい、または小さい**のかを求めます。順位を出すという仕事の性質上、同じ関数の式を複数のセルにコピーして、集団の中での一連の順位を表示するといった使い方をします。RANK.EQ関数を使うと、わざわざ表のデータを並べ替えなくても、商品や顧客をランク付けできるメリットがあります。

具体的に見てみましょう。85ページの図のような商品別に売上金額をまとめた表がある場合、順位を知りたいと思ったら、B列の金額を基準にして降順で並べ替えを実行するのが一般的ですね。こんなとき、RANK.EQ関数を使うと、項目の並び順はそのままで別のセル（C列）に順位を表示できるのです。

順位を求めるRANK.EQ関数

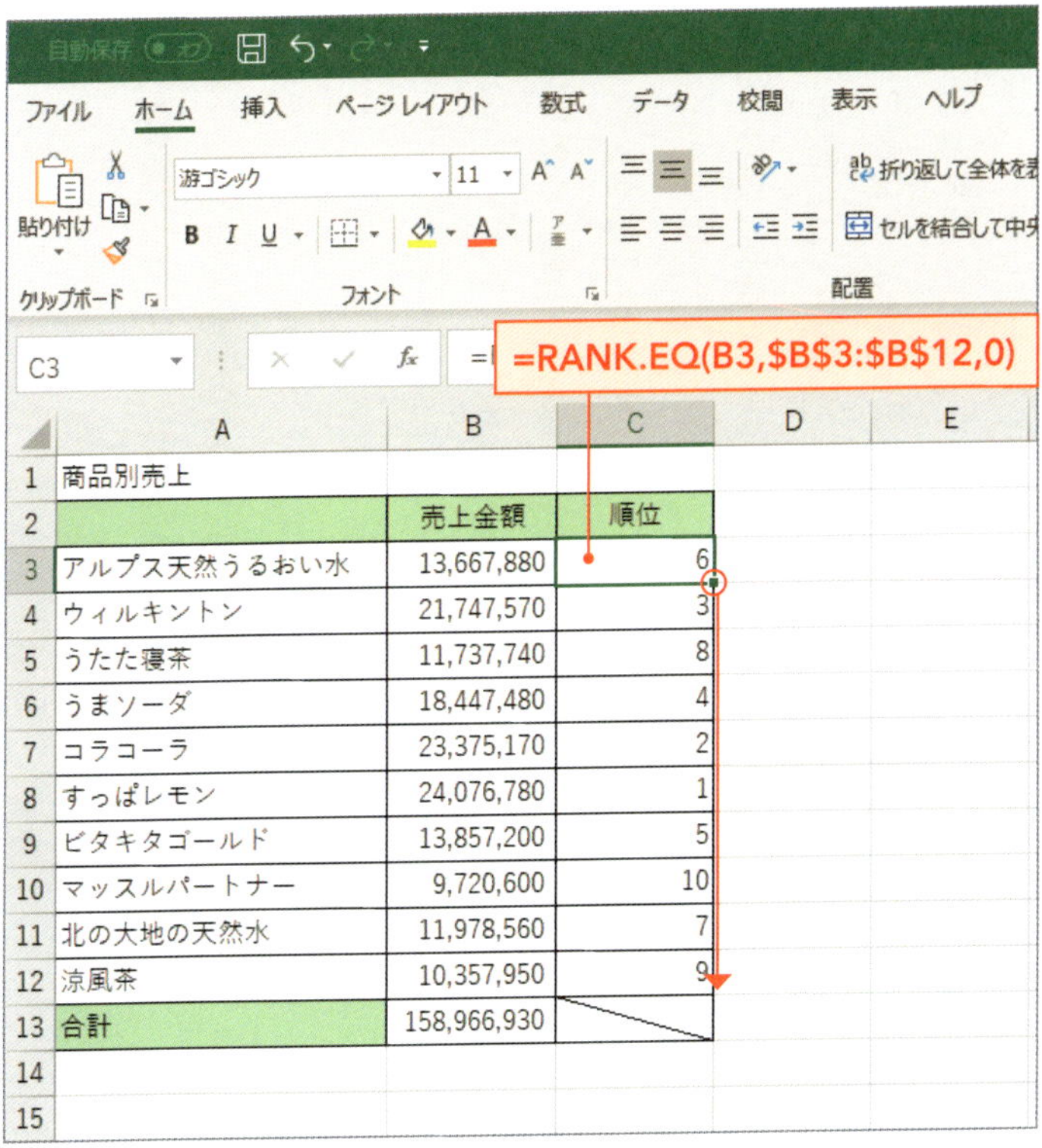

	A	B	C
1	商品別売上		
2		売上金額	順位
3	アルプス天然うるおい水	13,667,880	6
4	ウィルキントン	21,747,570	3
5	うたた寝茶	11,737,740	8
6	うまソーダ	18,447,480	4
7	コラコーラ	23,375,170	2
8	すっぱレモン	24,076,780	1
9	ビタキタゴールド	13,857,200	5
10	マッスルパートナー	9,720,600	10
11	北の大地の天然水	11,978,560	7
12	涼風茶	10,357,950	9
13	合計	158,966,930	

売上金額が高いものから順位を求めるにはRANK.EQ関数を使おう。先頭の商品の順位をC3セルに求めたら、式を下にコピーするだけですべての商品の順位が求められる。

●順位を表示する

=RANK.EQ（数値，参照，順序）

引数「数値」には順位を知りたい数値のセルを指定し、「参照」には、順位を出すグループのセル範囲を指定する。「順序」には、並べ替える方法を、昇順なら「1」、降順なら「0」で指定する。

RANK・EQ関数では、「**数値**」、「**参照**」、「**順序**」という三つの引数を指定します。「数値」には、**順位を知りたい数値データが入力されたセル**を指定し、「参照」には、**順位を求める集団のセル範囲**を指定します。したがって「数値」に指定したセルは、「参照」に指定したセル範囲に含まれることになります。最後の引数「順序」については、下の図を見てください。

順位を求めるには、数値を昇順で並べ替えた場合と、降順で並べ替えた場合の2通りがありますね。そこで三番目の引数「順序」には、**どちらの基準で順位を求めるのか**を指定します。

「**昇順**」とは、数値を小さいものから大きなものへと並べ替える方法で、「**降順**」はその反対に、大きな数値から小さい数値へと並べる方法です。例えば、売上金額やテストの点数が高い順に「1位」、「2位」…と順位を出す場合は、降順になります。

引数「順序」とは？

●昇順で順位を求める場合

	A	B	C
1	商品別売上		
2		売上金額	順位
3	アルプス天然うるおい水	13,667,880	2
4	ウィルキントン	21,747,570	4
5	うたた寝茶	11,737,740	1
6	うまソーダ	18,447,480	3
7	コラコーラ	23,375,170	5
8	合計	88,975,840	
9			
10	=RANK.EQ(B3,$B$3:$B$7,1)		

●降順で順位を求める場合

	A	B	C
1	商品別売上		
2		売上金額	順位
3	アルプス天然うるおい水	13,667,880	4
4	ウィルキントン	21,747,570	2
5	うたた寝茶	11,737,740	5
6	うまソーダ	18,447,480	3
7	コラコーラ	23,375,170	1
8	合計	88,975,840	
9			
10	=RANK.EQ(B3,$B$3:$B$7,0)		

数値を小さいものから並べる方法を「昇順」、大きいものから並べる方法を「降順」という。引数「順序」には、降順で順位を求める場合「0」を指定する。昇順の場合は「0」以外の任意の数値を指定すればいいので、ここでは「1」を指定している。

RANK・EQ関数では、降順での順位を求める場合、「順序」に「0」と入力します。一方、昇順での順位を出したい場合は「0」以外の任意の整数を入力するルールになっているため、本書では、分かりやすく「1」としています。順位を求める基準に応じて、この最後の引数「順序」を使い分けましょう。

なお、関数の引数には省略できるものもあります。RANK・EQ関数では、降順で順位を求める場合、引数「順序」を省略してもかまいません。省略すると、自動的に降順での順位が求められます。

「参照」のセルは絶対参照にする

88〜89ページの手順を見ながら、RANK・EQ関数を実際に入力してみましょう。この例では、B列に入力された売上金額を元に、金額の高い順に順位を求めます。

まず、最初の商品「アルプス天然うるおい水」の順位を求めます。C3セルを選び、37ページの手順でRANK・EQ関数を選択すると、「関数の引数」画面が開きますね。最初の引数「**数値**」の欄に「アルプス天然うるおい水」の売上金額が入力された**B3セル**を指定します。

次に、「**参照**」の欄をクリックしてから、全商品の売上金額のセル範囲**B3からB12までのセル**をドラッグして選びます。ここですみやかに**「F4」キーを押して、選んだセル範囲を絶対参**

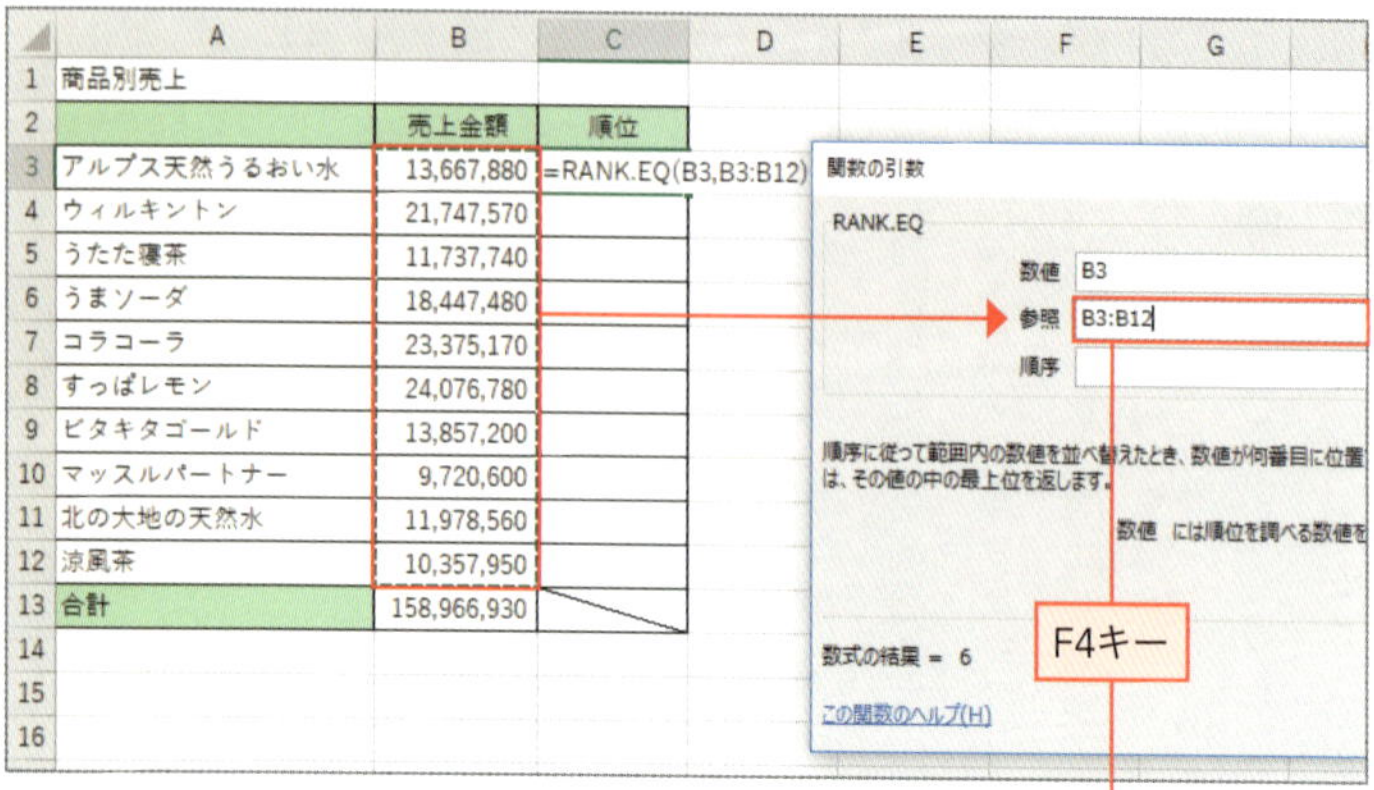

「参照」欄をクリックしてから、B3からB12までのセル範囲をドラッグする。「B3:B12」と範囲が指定されたら、「F4」キーを押して「$B$3:$B$12」と絶対参照に変更する。

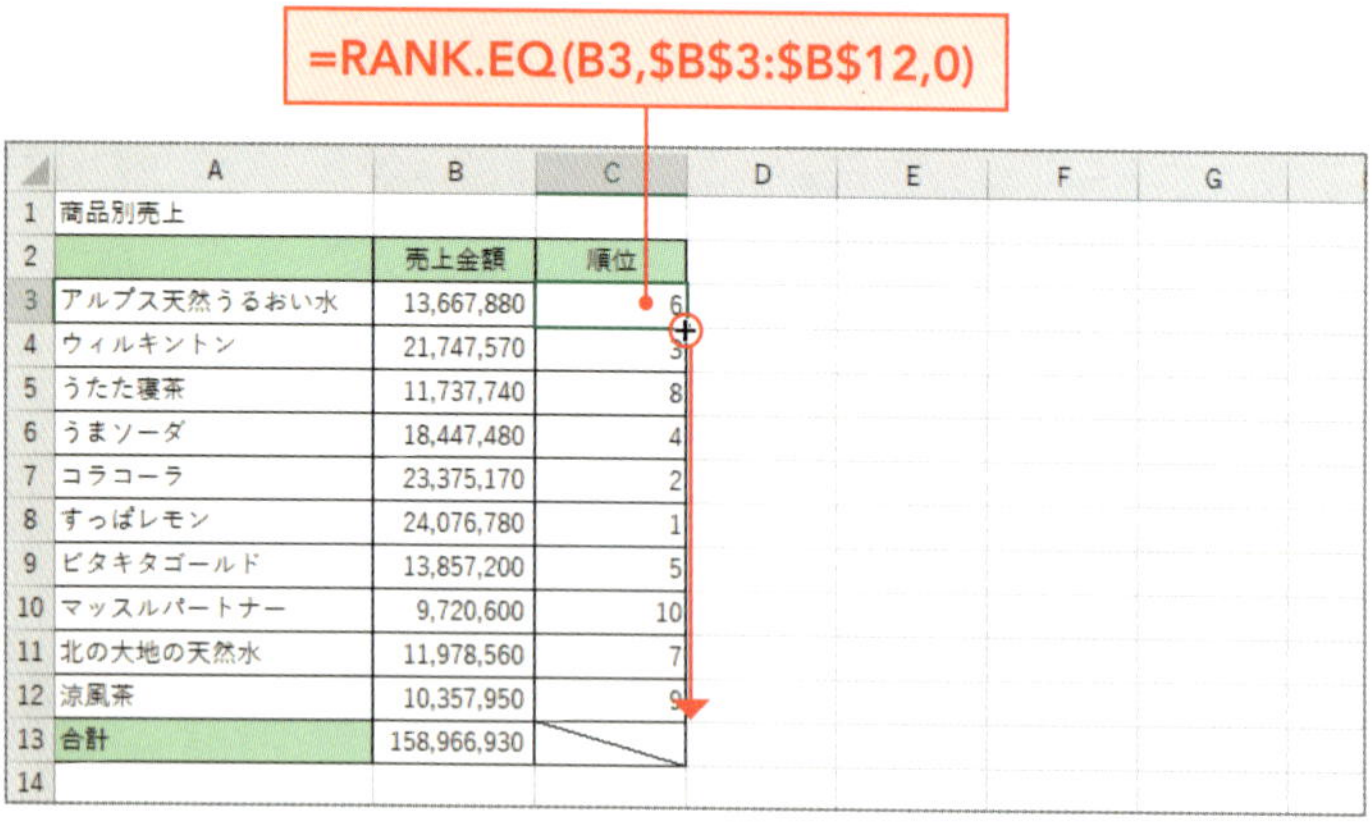

C3セルにRANK.EQ関数の式が入力され、最初の商品の順位が求められた。オートフィル操作でC4からC12セルにRANK.EQ関数の式をコピーすると、すべての商品の順位が求められる。

RANK.EQ関数を入力する

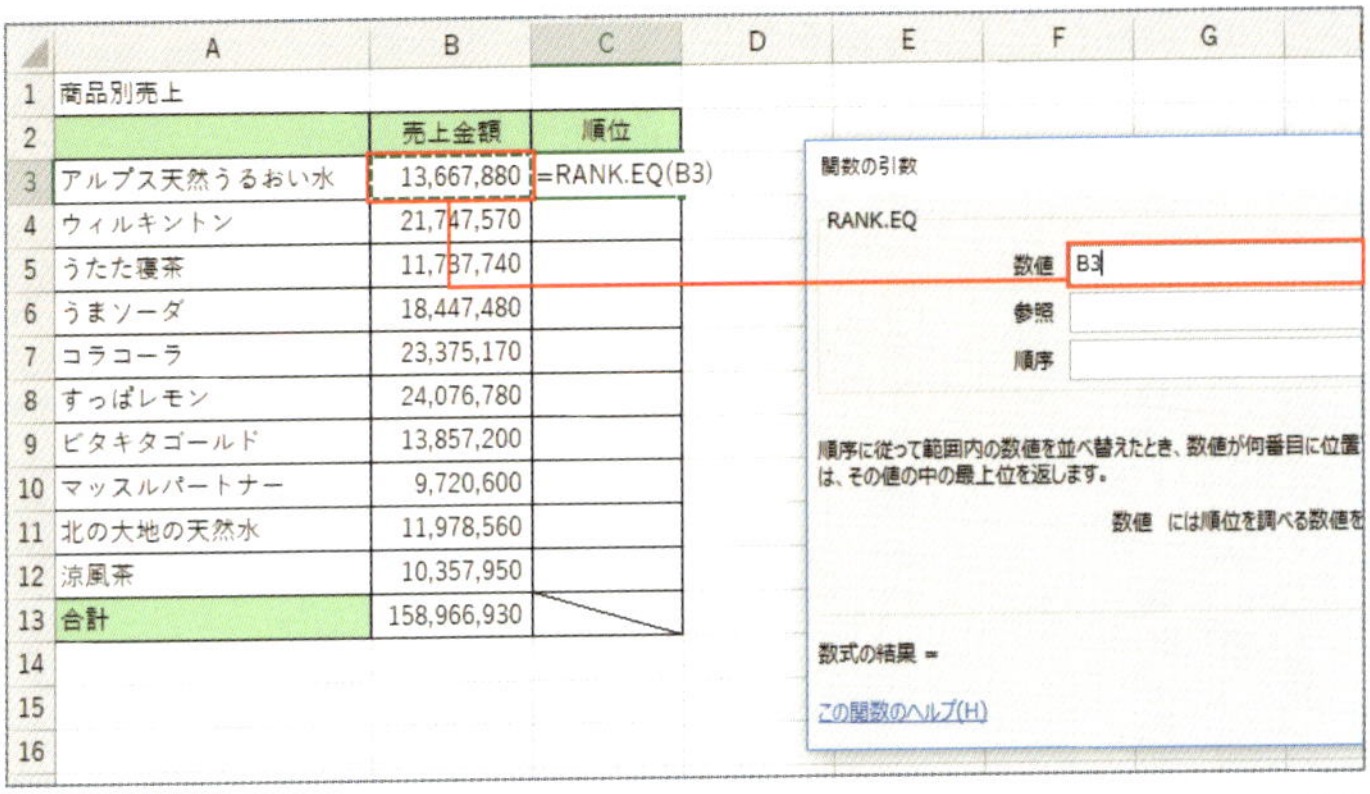

C3セルを選び、37ページの手順でRANK.EQ関数の「関数の引数」画面を開いたら、「数値」欄をクリックし、B3セルを指定する。

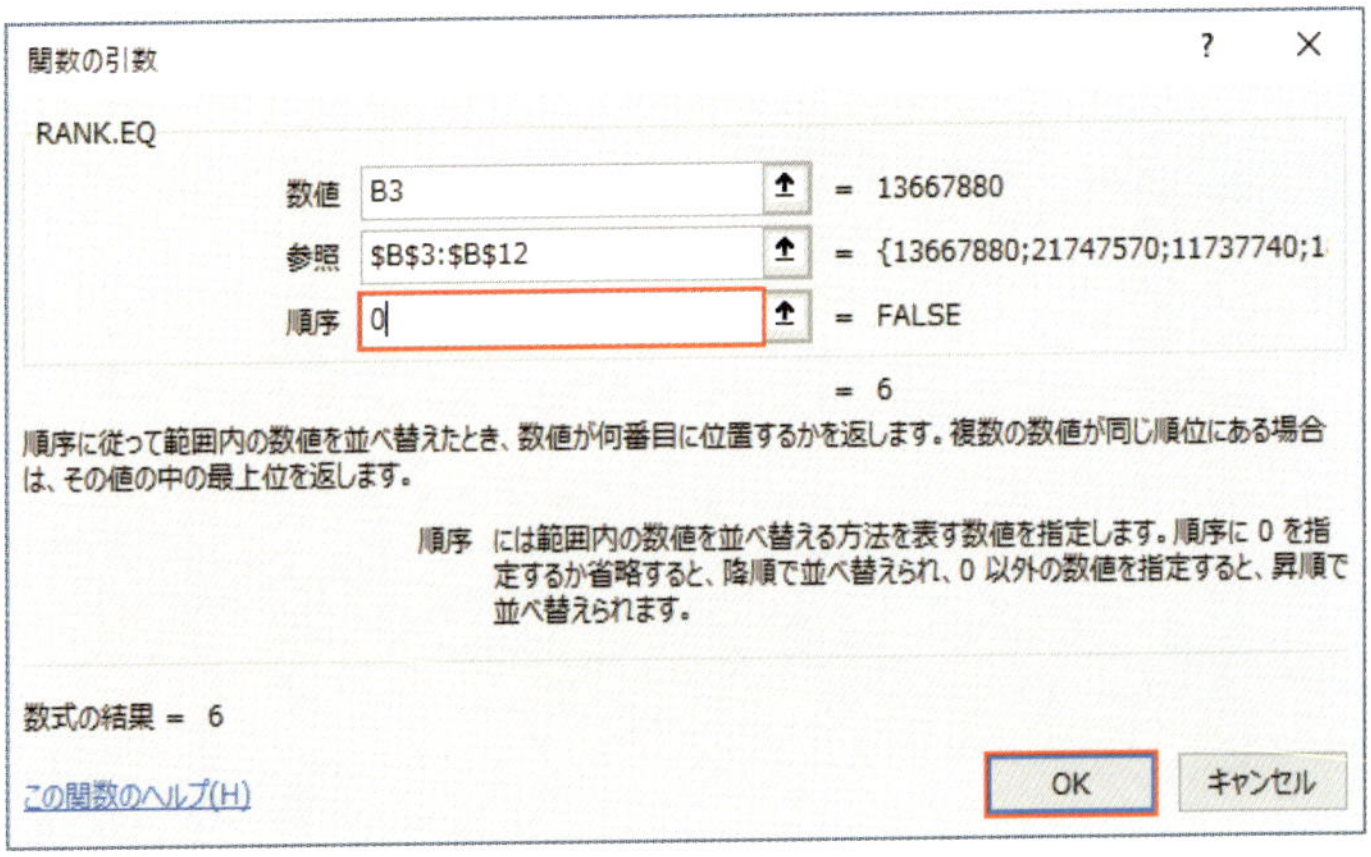

「順序」欄をクリックし、「0」と入力して、「OK」をクリックする。

照にするのを忘れないようにしましょう。

順位は、単独のセルではなく、複数のセルからなるグループで求めるものです。入力したRANK・EQ関数の式は、下のセルにコピーしてすべての商品の順位を表示させますね。このとき、順位を求めるグループは共通なので、2番目の引数**「参照」は、コピーしても移動しないように絶対参照にする**必要があります。「F4」キーを押すのはそのためです。

「F4」キーを押すと、「B3:B12」というセル範囲の表示に「$」が追加され、「$B$3:$B$12」に変わります。こうしておけば、コピー先のセルでも順位を求めるグループの範囲を正しく参照してくれるようになります。

あとは、86ページのルールにしたがって、「**順序**」に「**0**」と入力し、「OK」をクリックします。その後、オートフィル操作を使ってRANK・EQ関数の式をC12セルまでコピーすれば、すべての商品の順位が表示されます。

まとめ

①数値の大小を比較して順位を求めるにはRANK・EQ関数を使う。

②RANK・EQ関数の引数「参照」に順位を求めるグループの範囲を指定する際、セル範囲を絶対参照にしておく必要がある。

第3章

○○だけ合計など「条件」に合うデータを集計

カタ
カタ
カタ
阪京ストア宝塚店
エイト新富士店
スーパーマルセ
西急ストア富士
エイト藤沢店
これ
地域ごとに
分けたら
どこで売れてるか
一目でわかるし
なにか傾向が
掴めるかも……
大阪を見よう
まずフィルターで
並び替えでしょ
そしてそれを
合計す……
ブツブツ
カチ
カチ
まどろっこしい！

条件に当てはまる
数値の合計は
SUM《サム》IF《イフ》を
使いなさい！
HEY!!
サムイフ……！
都道府県
フィルター
商品名
フィルター
販売店
フィルター
あわ
あわ
結果
条件に合う箇所をいちいちフィルターで探さなくても
最初から一気に自動で合計できる関数よ！
ポイッ
検索条件
全自動
がばっ
それは知りたいです！

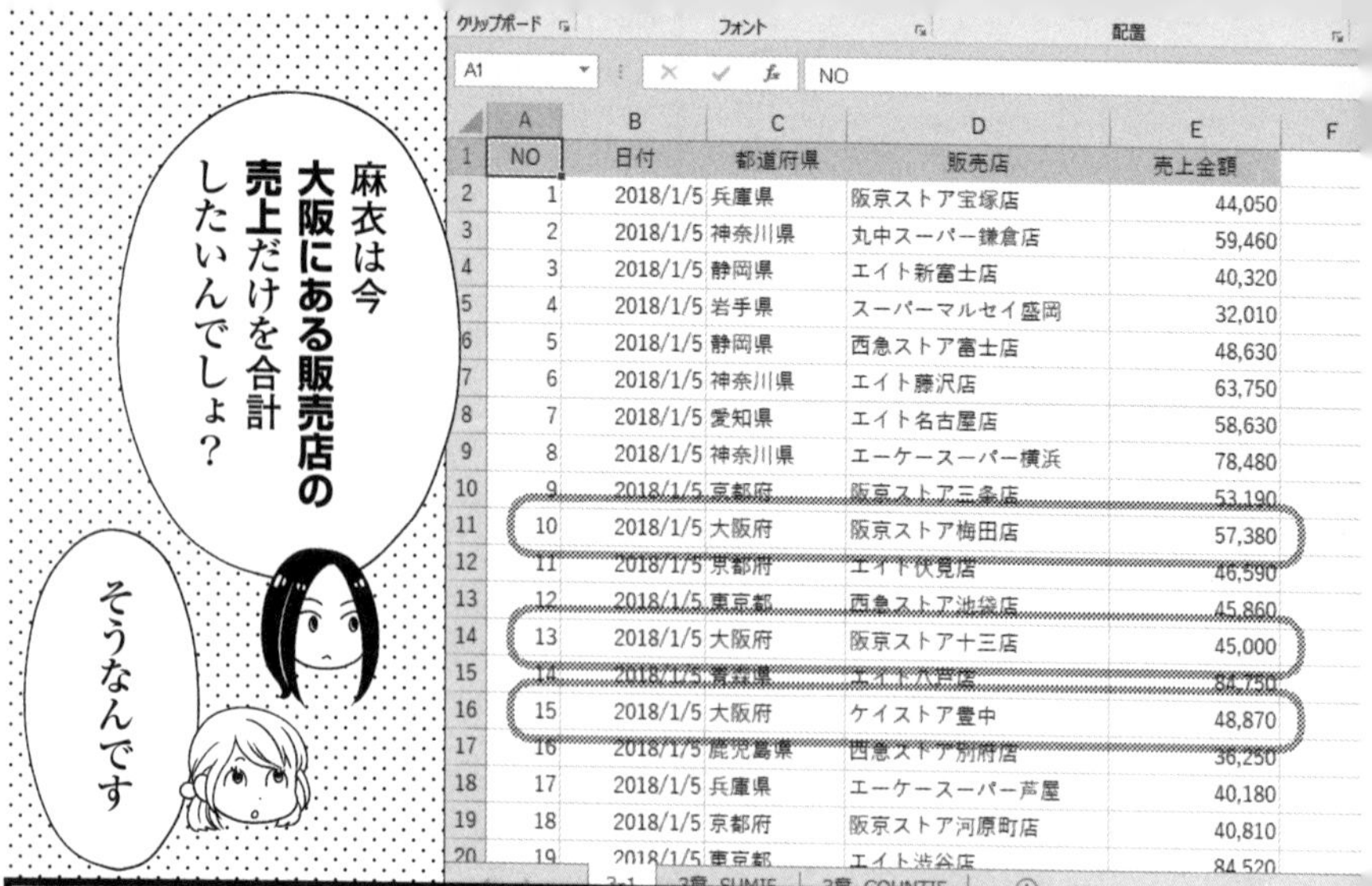

	A	B	C	D	E
1	NO	日付	都道府県	販売店	売上金額
2	1	2018/1/5	兵庫県	阪京ストア宝塚店	44,050
3	2	2018/1/5	神奈川県	丸中スーパー鎌倉店	59,460
4	3	2018/1/5	静岡県	エイト新富士店	40,320
5	4	2018/1/5	岩手県	スーパーマルセイ盛岡	32,010
6	5	2018/1/5	静岡県	西急ストア富士店	48,630
7	6	2018/1/5	神奈川県	エイト藤沢店	63,750
8	7	2018/1/5	愛知県	エイト名古屋店	58,630
9	8	2018/1/5	神奈川県	エーケースーパー横浜	78,480
10	9	2018/1/5	京都府	阪京ストア三条店	53,190
11	10	2018/1/5	大阪府	阪京ストア梅田店	57,380
12	11	2018/1/5	京都府	エイト伏見店	46,590
13	12	2018/1/5	東京都	西急ストア池袋店	45,860
14	13	2018/1/5	大阪府	阪京ストア十三店	45,000
15	14	2018/1/5	青森県	エイト八戸店	84,750
16	15	2018/1/5	大阪府	ケイストア豊中	48,870
17	16	2018/1/5	鹿児島県	西急ストア別府店	36,250
18	17	2018/1/5	兵庫県	エーケースーパー芦屋	40,180
19	18	2018/1/5	京都府	阪京ストア河原町店	40,810
20	19	2018/1/5	東京都	エイト渋谷店	84,520

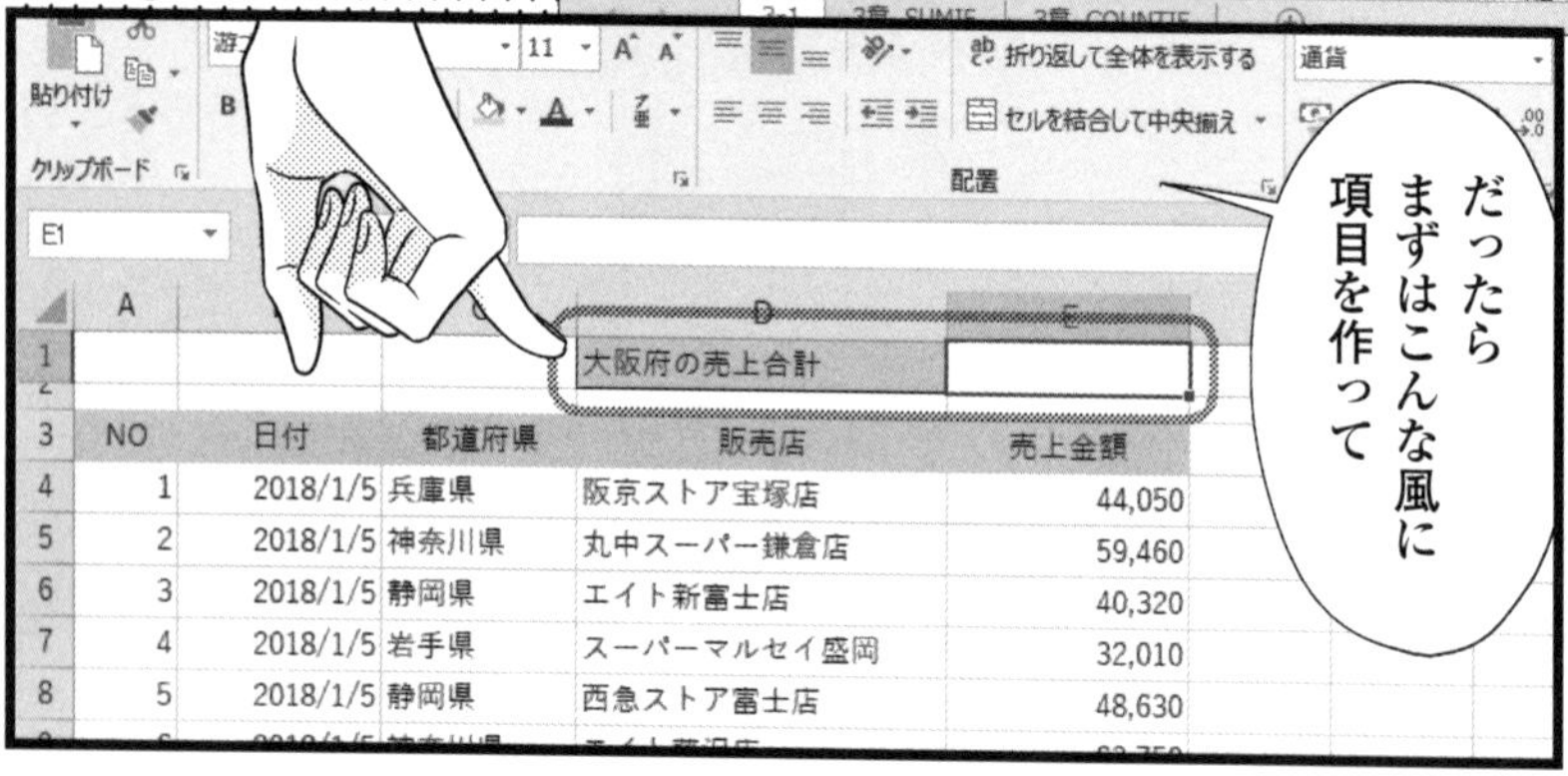

	A	B	C	D	E
1				大阪府の売上合計	
3	NO	日付	都道府県	販売店	売上金額
4	1	2018/1/5	兵庫県	阪京ストア宝塚店	44,050
5	2	2018/1/5	神奈川県	丸中スーパー鎌倉店	59,460
6	3	2018/1/5	静岡県	エイト新富士店	40,320
7	4	2018/1/5	岩手県	スーパーマルセイ盛岡	32,010
8	5	2018/1/5	静岡県	西急ストア富士店	48,630

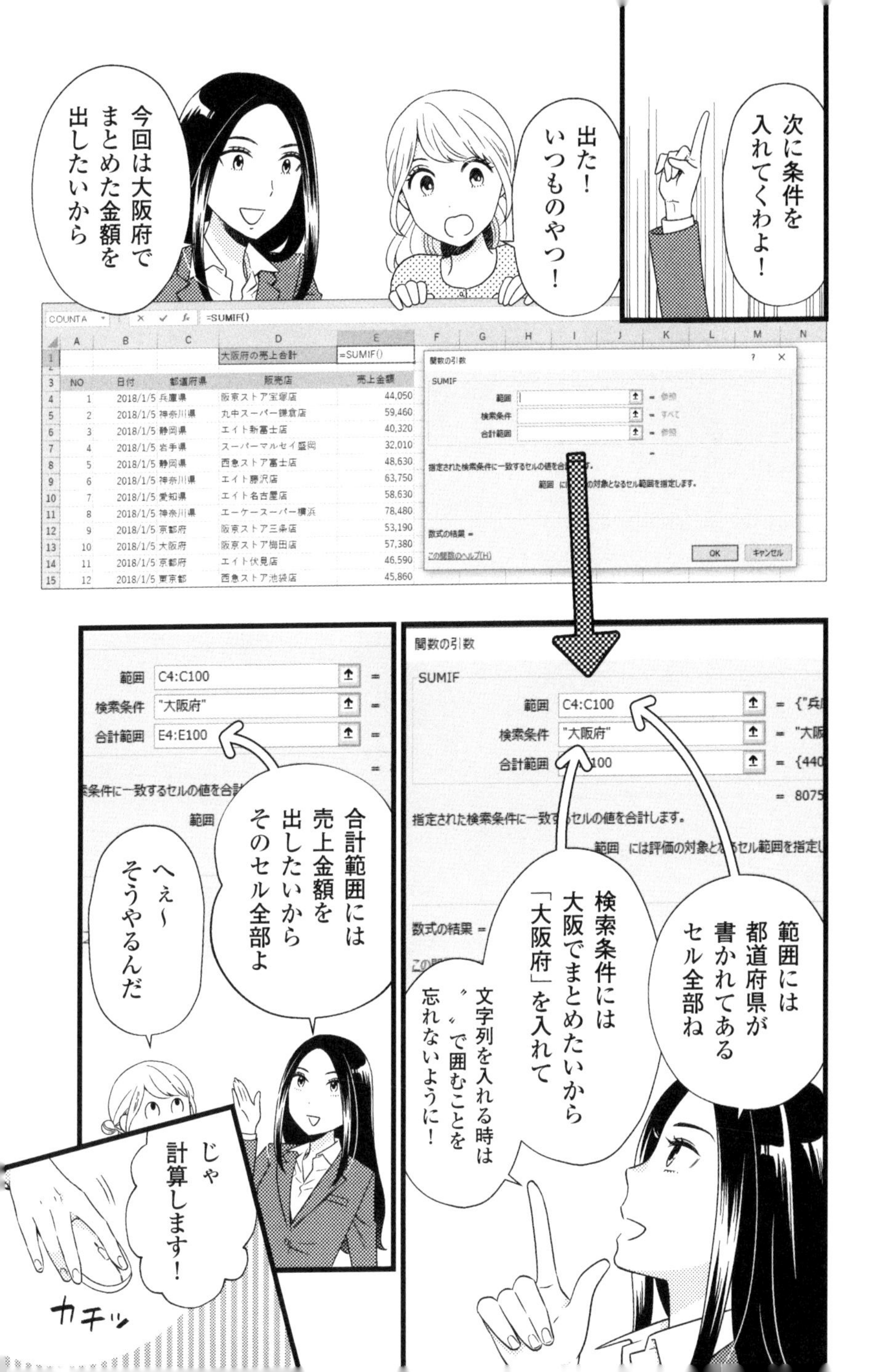

	A	B	C	D	E
1				大阪府の売上合計	=SUMIF()
3	NO	日付	都道府県	販売店	売上金額
4	1	2018/1/5	兵庫県	阪京ストア宝塚店	44,050
5	2	2018/1/5	神奈川県	丸中スーパー鎌倉店	59,460
6	3	2018/1/5	静岡県	エイト新富士店	40,320
7	4	2018/1/5	岩手県	スーパーマルセイ盛岡	32,010
8	5	2018/1/5	静岡県	西急ストア富士店	48,630
9	6	2018/1/5	神奈川県	エイト藤沢店	63,750
10	7	2018/1/5	愛知県	エイト名古屋店	58,630
11	8	2018/1/5	神奈川県	エーケースーパー横浜	78,480
12	9	2018/1/5	京都府	阪京ストア三条店	53,190
13	10	2018/1/5	大阪府	阪京ストア梅田店	57,380
14	11	2018/1/5	京都府	エイト伏見店	46,590
15	12	2018/1/5	東京都	西急ストア池袋店	45,860

ぱっ
=SUMIF(C4:C100,"大阪府",E4:E100)
大阪府の売上合計
807,590
NO
日付
販売店
売上金額
44,050
WOW!
出た〜!
これは便利ですね
ドンドン教えてあげるわよ〜
次は何がしたい?
サッ
はいはい!
今度は大阪府のデータが何件あるか知りたいです!
大阪
COUNTかと思ったんですけど条件付けられないですよね……?
カウント兄貴
フフフ…
その想い両方叶えてあげるわ!

それが条件に当てはまったデータの個数を求める
COUNTIF
COUNTIF《カウントイフ》！
あ！カウントにイフがついた……！
そうよ
はい じゃあここにCOUNTIFを挿入してちょうだい！
大阪府の売上件数
もしも◯◯ならそれを数えるみたいな意味の関数ね
if
もしも〜
なるほど〜
このイフですね！
わかりました！

=COUNTIF(C4:C100,"大阪府")
範囲には都道府県で判断するからこのセル全部ね
ここから
ここまで

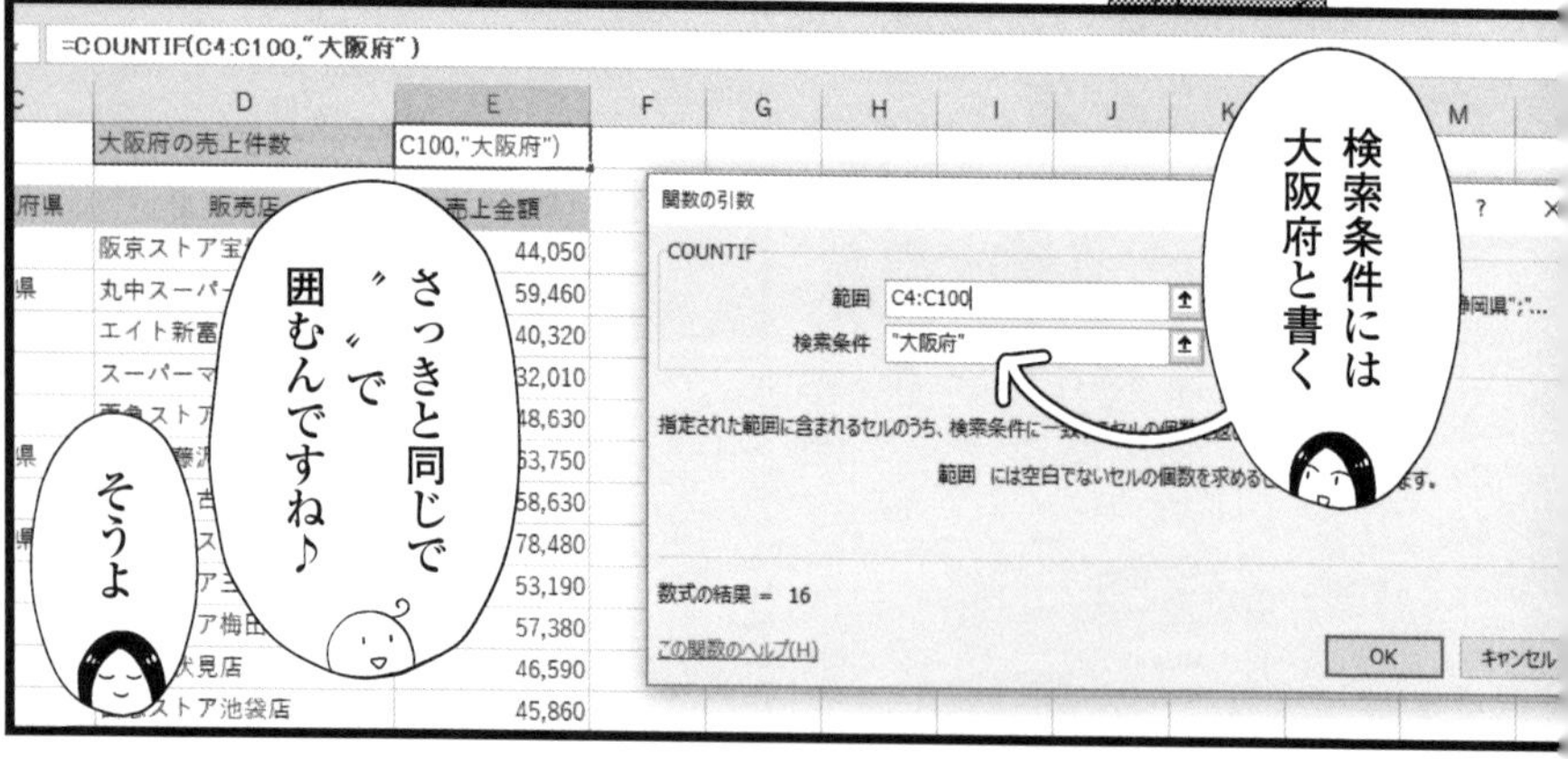
=COUNTIF(C4:C100,"大阪府")
検索条件には大阪府と書く
さっきと同じで〃〃で囲むんですね♪
そうよ

さあ実行してごらん!
はい!

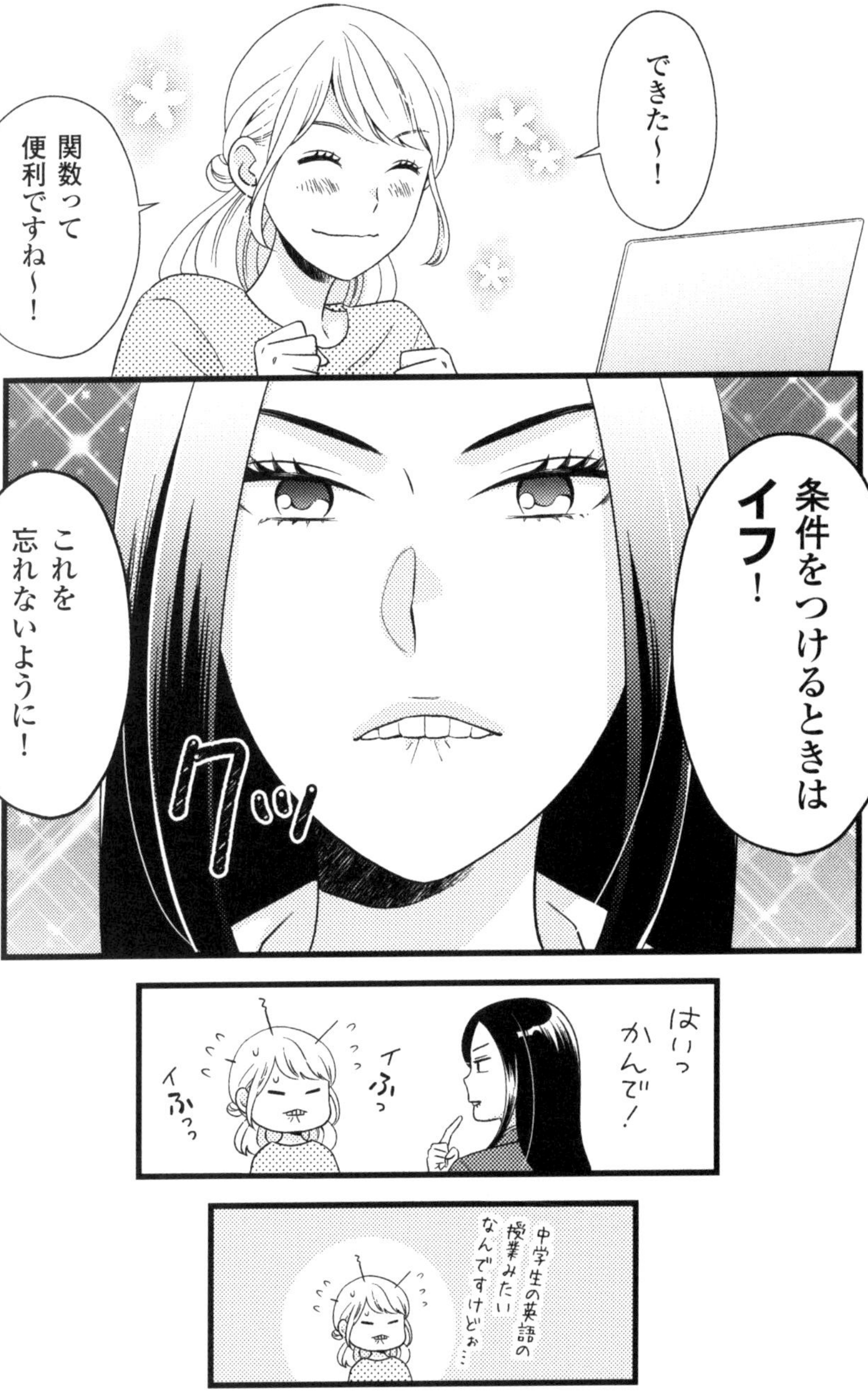
できた〜！
関数って便利ですね〜！
条件をつけるときはイフ！
これを忘れないように！
クワッ
はいっかんで！
イふっ
イふっっ
中学生の英語の授業みたいなんですけどぉ…

大阪府の販売店だけを合計したい 〜SUMIF〜

「条件」に合うデータだけを合計する

合計と言えばSUM関数です。でも、すべてのデータが合計対象ではない場合、SUMを使うと範囲を指定するのが大変ですね。

そんなときに嬉しいのが**SUMIF（サムイフ）**関数です。SUMIF関数は、「SUM」＋「IF」という名前のとおり、**合計を求めるSUM関数と「もしも〜なら」と条件に応じて作業を分けるIF関数（第6章参照）の二つの役割を持つ**関数なのです。

101ページの図のような表から大阪府の販売店の売上金額を合計するには、まず都道府県が入力されたC列から「大阪府」というデータを探し、見つかったら同じ行のE列にある売上金額を合計します。この一連の作業を自動で行うのがSUMIF関数です。これなら麻衣さんが悩んでいたようにフィルターを使う必要もありませんね。

SUMIF関数は、「**範囲**」、「**検索条件**」、「**合計範囲**」の三つの引数を指定します。このうち合計対象にしたいセルの条件を指定するのが2番目の「検索条件」です。「大阪府」のように**直接文字を入力する場合は、半角の「"」で囲んで「"大阪府"」と入力**しましょう。このほか、「大阪府」と入力されたセルがあれば、そのセル番地を指定することもできます。

さらに、最初の引数「範囲」には「検索条件」の内容を探す列を、「合計範囲」には、合計したい数値データが入力された列を指定します。

102ページの例を見ると、都道府県が入力されたB列のセル範囲を「範囲」に、売上金額が入力されたD列のセル範囲を「合計範囲」にそれぞれ指定していますね。

大阪府の金額だけを合計したい

	A	B	C	D	E	F
1	NO	日付	都道府県	販売店	売上金額	
2	1	2018/1/5	兵庫県	阪京ストア宝塚店	44,050	
3	2	2018/1/5	大阪府	阪京ストア梅田店	57,380	
4	3	2018/1/5	京都府	エイト伏見店	46,590	
5	4	2018/1/5	東京都	西急ストア池袋店	45,860	
6	5	2018/1/5	大阪府	阪京ストア十三店	45,000	
7	6	2018/1/5	神奈川県	丸中スーパー鎌倉店	59,460	
8	7	2018/1/5	静岡県	エイト新富士店	40,320	
9	8	2018/1/5	岩手県	スーパーマルセイ盛岡	32,010	
10	9	2018/1/5	静岡県	西急ストア富士店	48,630	
11	10	2018/1/5	神奈川県	エイト藤沢店	63,750	
12	11	2018/1/5	愛知県	エイト名古屋店	58,630	
13	12	2018/1/5	神奈川県	エーケースーパー横浜	78,480	
14	13	2018/1/5	京都府	阪京ストア三条店	53,190	

合計 102,380

大阪府にある販売店のデータだけを抜粋して売上金額を合計したい。こんな時にはSUMIF関数を使おう。

SUMIF関数で「大阪府」の売上金額だけを自動で合計

=SUMIF(B4:B16 , "大阪府" , D4:D16)

	A	B	C	D	E
1			大阪府の売上合計	196,250	
3	日付	都道府県	販売店	売上金額	
4	2018/1/5	京都府	阪京ストア三条店	53,190	
5	2018/1/5	大阪府	阪京ストア梅田店	57,380	
6	2018/1/5	京都府	エイト伏見店	46,590	
7	2018/1/5	東京都	西急ストア池袋店	45,860	
8	2018/1/5	大阪府	阪京ストア十三店	45,000	
9	2018/1/5	青森県	エイト八戸店	84,750	
10	2018/1/5	大阪府	ケイストア豊中	48,870	
11	2018/1/5	鹿児島県	西急ストア別府店	36,250	
12	2018/1/5	兵庫県	エーケースーパー芦屋	40,180	
13	2018/1/5	京都府	阪京ストア河原町店	40,810	
14	2018/1/5	東京都	エイト渋谷店	84,520	
15	2018/1/5	大阪府	阪京ストア十三店	45,000	
16	2018/1/5	兵庫県	エイト神戸三宮店	39,130	
17					
18					
19					

SUMIF関数を使うと、B列の都道府県のセルから「大阪府」と入力されたデータを探し、見つかった場合、同じ行にあるD列の金額を抜き出して合計してくれる。

●条件を満たす行の数値だけを合計する

=SUMIF（範囲, 検索条件, 合計範囲）

SUMIF関数の引数「検索条件」には条件を入力し、「範囲」にはその条件を探す列を、「合計範囲」には、合計したい数値が入力された列をそれぞれ指定する。

ただしSUMIF関数は、どんなレイアウトの表でも利用できるわけではありません。利用できるのは、下の図のような「**データベース形式**」と呼ばれる表に限られます。

　データベース形式の表では、「NO」、「日付」、「都道府県」のように**項目が列ごとに分類**されていて、それぞれの列には関係のない内容は入力しない決まりがあります。また、販売や売上といった**1件のデータは1行に入力**します。

　この基準を満たした表でなければ、C列で「大阪府」を探し、見つかったら同じ行にあるE列の金額を合計するというSUMIF関数の計算の仕組みが機能しません。これは109ページで紹介するCOUNTIF（カウントイフ）関数も同様なので、利用の際は表のレイアウトに注意しましょう。

SUMIF関数はデータベース形式の表で使う

	A	B	C	D	E	F
1	NO	日付	都道府県	販売店	売上金額	
2	1	2018/1/5	兵庫県	阪京ストア宝塚店	44,050	
3	2	2018/1/5	大阪府	阪京ストア梅田店	57,380	
4	3	2018/1/5	京都府	エイト伏見店	46,590	
5	4	2018/1/5	東京都	西急ストア池袋店	45,860	
6	5	2018/1/5	大阪府	阪京ストア十三店	45,000	
7	6	2018/1/5	神奈川県	丸中スーパー鎌倉店	59,460	
8	7	2018/1/5	静岡県	エイト新富士店	40,320	
9	8	2018/1/5	岩手県	スーパーマルセイ盛岡	32,010	
10	9	2018/1/5	静岡県	西急ストア富士店	48,630	
11	10	2018/1/5	神奈川県	エイト藤沢店	63,750	

列＝項目

行＝1件のデータ

SUMIF関数が使えるのは、一つの列に「日付」、「都道府県」といった同じ項目だけを入力し、1件のデータを1行に入力する「データベース形式」の表に限られる。

SUMIF関数を入力する手順は、下の図のとおりです。引数「範囲」には都道府県が入力されたC4からC100までのセル範囲を、「合計範囲」には売上金額が入力されたE4からE100までのセル範囲をそれぞれ指定します。

このように行数が多くてドラッグしづらい場合は、**先頭のセルをクリック後、「Shift」キーを押した状態でシートを下にスクロールして末尾のセルをクリックすれば一連のセルをスムーズに選べます。**

また、「検索条件」に「"大阪府"」と入力する際、**「関数の引数」画面では半角のダブルクォーテーションが自動で追加**されます。「関数の引数」画面を使うと、このように、入力も楽ができるので関数を使いやすくなりますね。

SUMIF関数を入力する（手順1）

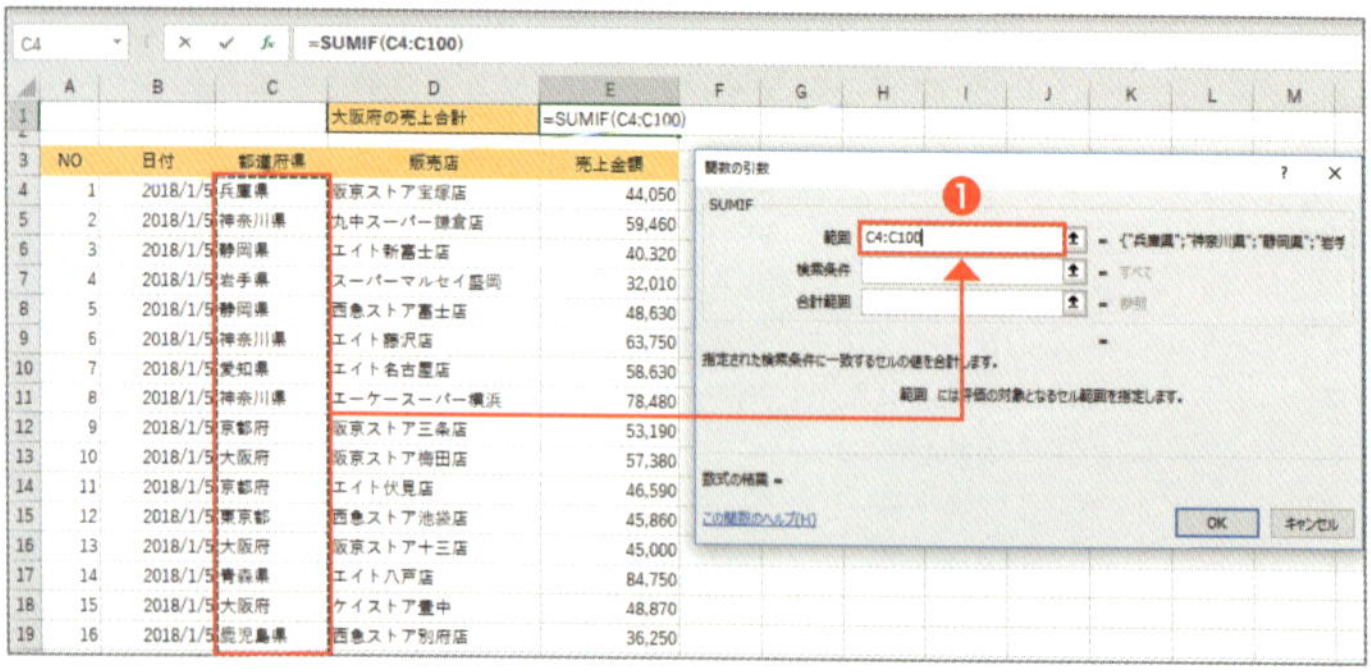

E1セルを選んで37ページの手順でSUMIF関数の「関数の引数」画面を開いたら、❶「範囲」欄をクリックし、「都道府県」のセル範囲を指定する。広範囲の場合は、先頭のセル（ここではC4）をクリック後、「Shift」キーを押しながら末尾のセル（C100）をクリックすると選びやすい。

SUMIF関数を入力する（手順2〜3）

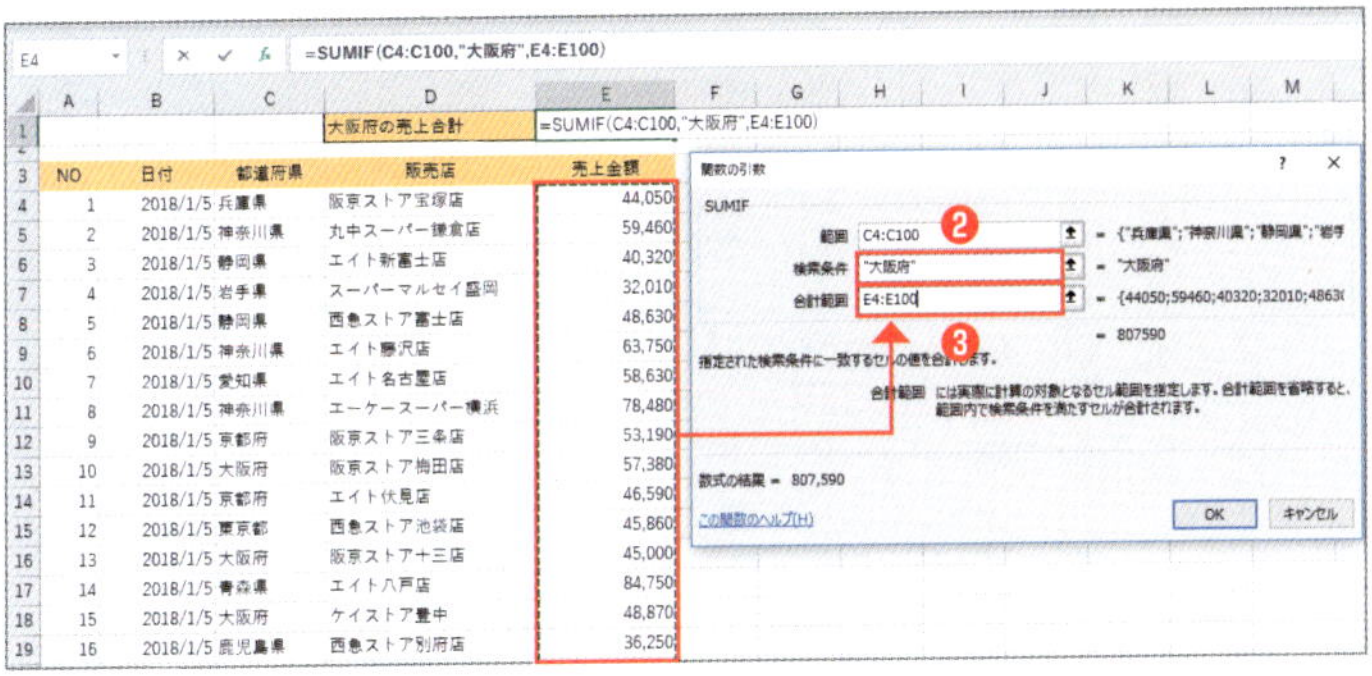

❷「検索条件」欄をクリックし、「"大阪府"」と入力。❸「合計範囲」欄をクリックして「売上金額」のセル範囲（E4からE100）を指定し、「OK」をクリックする。

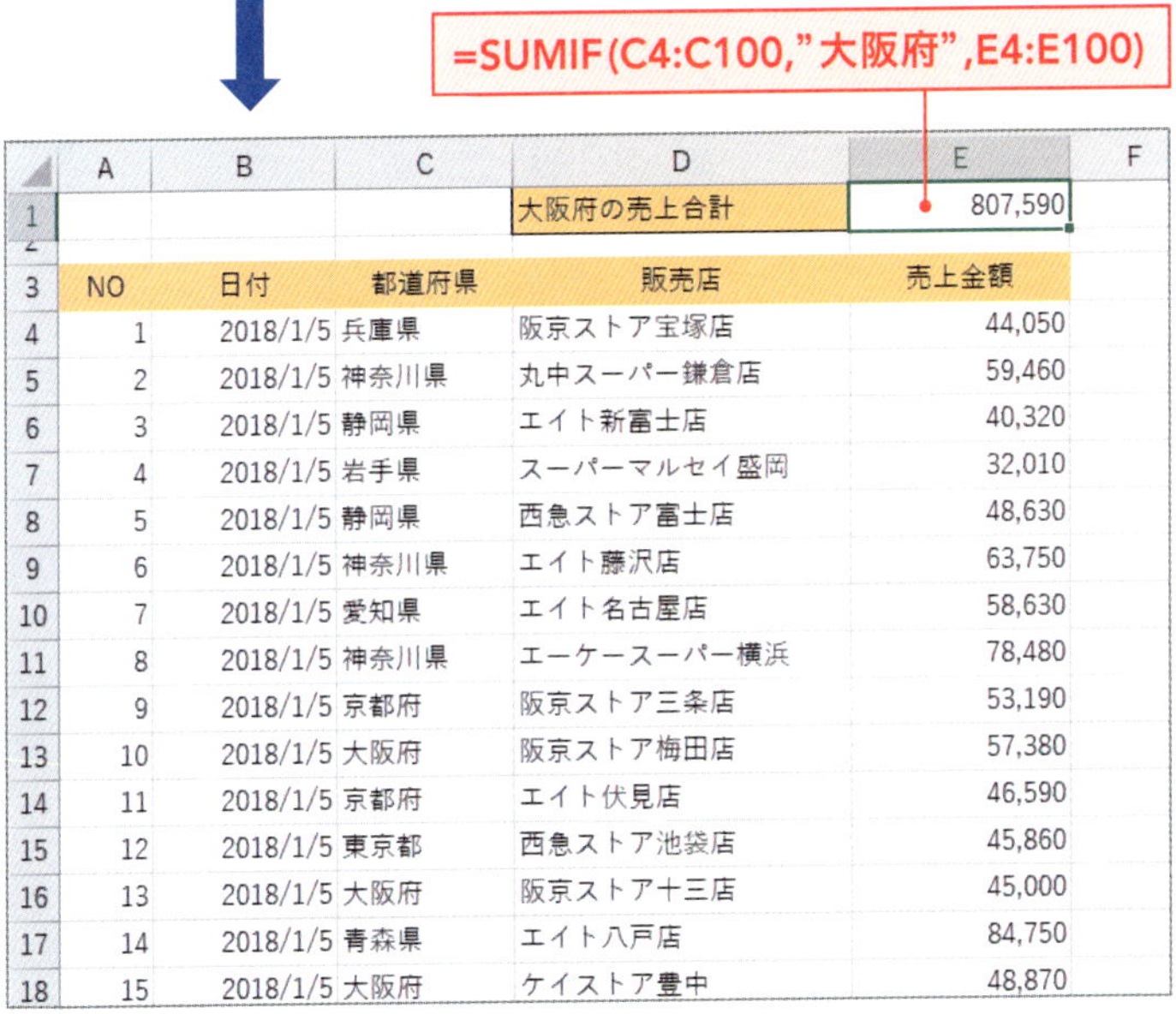

	A	B	C	D	E
1				大阪府の売上合計	807,590
3	NO	日付	都道府県	販売店	売上金額
4	1	2018/1/5	兵庫県	阪京ストア宝塚店	44,050
5	2	2018/1/5	神奈川県	丸中スーパー鎌倉店	59,460
6	3	2018/1/5	静岡県	エイト新富士店	40,320
7	4	2018/1/5	岩手県	スーパーマルセイ盛岡	32,010
8	5	2018/1/5	静岡県	西急ストア富士店	48,630
9	6	2018/1/5	神奈川県	エイト藤沢店	63,750
10	7	2018/1/5	愛知県	エイト名古屋店	58,630
11	8	2018/1/5	神奈川県	エーケースーパー横浜	78,480
12	9	2018/1/5	京都府	阪京ストア三条店	53,190
13	10	2018/1/5	大阪府	阪京ストア梅田店	57,380
14	11	2018/1/5	京都府	エイト伏見店	46,590
15	12	2018/1/5	東京都	西急ストア池袋店	45,860
16	13	2018/1/5	大阪府	阪京ストア十三店	45,000
17	14	2018/1/5	青森県	エイト八戸店	84,750
18	15	2018/1/5	大阪府	ケイストア豊中	48,870

SUMIF関数の式が入力され、大阪府の売上金額の合計が求められた。

都道府県別に合計金額を一覧にする

「大阪府」だけでなく、B列に入力されたほかの都道府県についても金額の合計を求めたい場合は、下の図のような一覧表にしましょう。

この表では、F2からF4セルに都道府県名をあらかじめ入力しておき、G2からG4セルにSUMIF関数の式を入力します。このとき、先頭のG2セルにSUMIF関数の式を入力したら、残りのセルにはG2セルの数式をコピーして合計金額を効率よく求めましょう。

なお、**数式を下にコピーする際、「範囲」と「合計範囲」のセルが移動しないよう、この二つの引数は絶対参照にします**。また、「検索条件」にはF列の都道府県名が入力されたセルを指定します。

実際にG2セルにSUMIF関数を入力する際は、

都道府県を一覧にした表では絶対参照を使う

範囲　検索条件　合計範囲

=SUMIF($B$2:$B$14 , F2 , $D$2:$D$14)

	A	B	C	D	E	F	G	H	I
1	日付	都道府県	販売店	売上金額		都道府県	金額の合計		
2	2018/1/5	京都府	阪京ストア三条店	53,190		大阪府	317,020		
3	2018/1/5	大阪府	阪京ストア梅田店	57,380		京都府	225,340		
4	2018/1/5	京都府	エイト伏見店	46,590		兵庫県	125,170		
5	2018/1/5	兵庫県	エーケースーパー三田	45,860					
6	2018/1/5	大阪府	阪京ストア十三店	45,000					
7	2018/1/5	京都府	阪京ストア烏丸店	84,750					
8	2018/1/5	大阪府	ケイストア豊中	48,870					
9	2018/1/9	大阪府	阪京ストア中津店	36,250					
10	2018/1/9	兵庫県	エーケースーパー芦屋	40,180					

検索する都道府県名をF列に入力しておき、SUMIF関数でG列にそれぞれの売上金額を求めたい。こんな場合は、数式をコピーする際、ずれないように「範囲」と「合計範囲」を絶対参照にしておこう。なお、「検索条件」には、都道府県名を入力したセルを指定する。

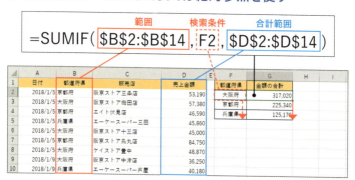

一覧表にSUMIF関数を入力する

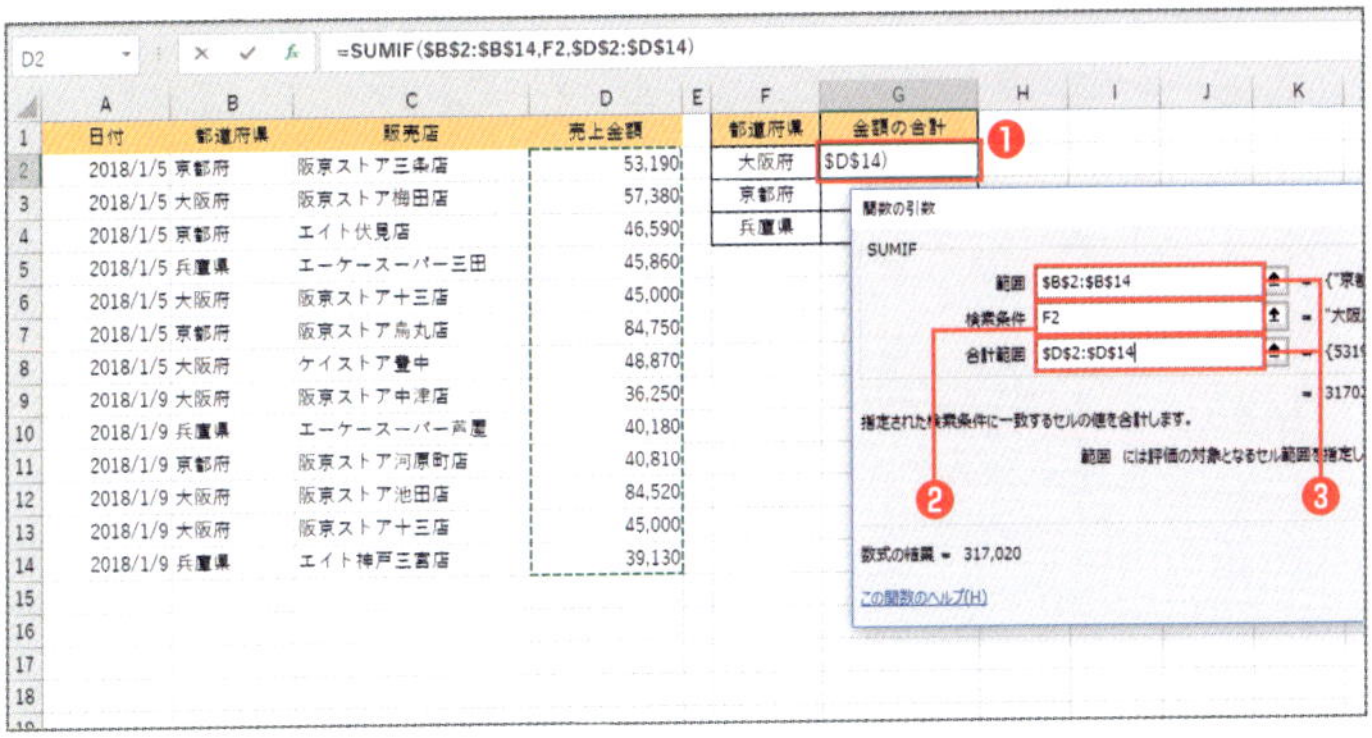

	A	B	C	D	E	F	G
1	日付	都道府県	販売店	売上金額		都道府県	金額の合計
2	2018/1/5	京都府	阪京ストア三条店	53,190		大阪府	$D$14)
3	2018/1/5	大阪府	阪京ストア梅田店	57,380		京都府	
4	2018/1/5	京都府	エイト伏見店	46,590		兵庫県	
5	2018/1/5	兵庫県	エーケースーパー三田	45,860			
6	2018/1/5	大阪府	阪京ストア十三店	45,000			
7	2018/1/5	京都府	阪京ストア烏丸店	84,750			
8	2018/1/5	大阪府	ケイストア豊中	48,870			
9	2018/1/9	大阪府	阪京ストア中津店	36,250			
10	2018/1/9	兵庫県	エーケースーパー芦屋	40,180			
11	2018/1/9	京都府	阪京ストア河原町店	40,810			
12	2018/1/9	大阪府	阪京ストア池田店	84,520			
13	2018/1/9	大阪府	阪京ストア十三店	45,000			
14	2018/1/9	兵庫県	エイト神戸三宮店	39,130			

❶G2セルを選んでSUMIF関数の「関数の引数」画面を開いたら、❷「検索条件」欄には、最初の都道府県が入力されたF2セルを指定し、❸「範囲」欄と「合計範囲」欄は、それぞれのセル範囲をドラッグで選んだ後、「F4」キーを押して絶対参照に変更しておく。

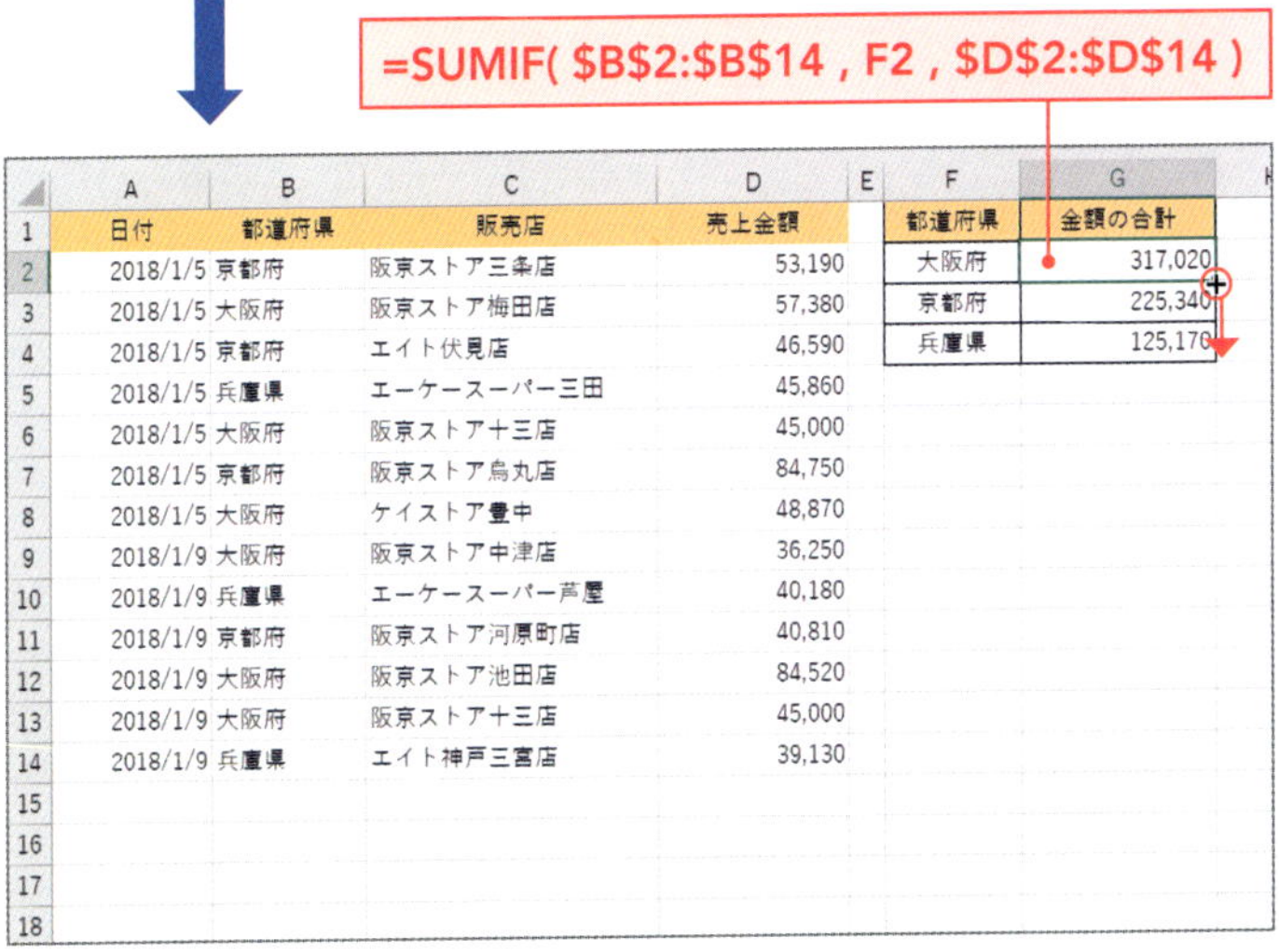

	A	B	C	D	E	F	G
1	日付	都道府県	販売店	売上金額		都道府県	金額の合計
2	2018/1/5	京都府	阪京ストア三条店	53,190		大阪府	317,020
3	2018/1/5	大阪府	阪京ストア梅田店	57,380		京都府	225,340
4	2018/1/5	京都府	エイト伏見店	46,590		兵庫県	125,170
5	2018/1/5	兵庫県	エーケースーパー三田	45,860			
6	2018/1/5	大阪府	阪京ストア十三店	45,000			
7	2018/1/5	京都府	阪京ストア烏丸店	84,750			
8	2018/1/5	大阪府	ケイストア豊中	48,870			
9	2018/1/9	大阪府	阪京ストア中津店	36,250			
10	2018/1/9	兵庫県	エーケースーパー芦屋	40,180			
11	2018/1/9	京都府	阪京ストア河原町店	40,810			
12	2018/1/9	大阪府	阪京ストア池田店	84,520			
13	2018/1/9	大阪府	阪京ストア十三店	45,000			
14	2018/1/9	兵庫県	エイト神戸三宮店	39,130			

G2セルにSUMIF関数の式を入力したら、オートフィル操作でG3、G4セルにもSUMIF関数の式をコピーする。これで京都府、兵庫県の売上データも正しく合計される。

107ページのように引数を指定しましょう。「範囲」と「合計範囲」を絶対参照にするには、セル範囲を選択した後に「F4」キーを押します。これで「B2：B14」の表示が「$B$2：$B$14」のように「$」が付く絶対参照に変わります。

また、「検索条件」には、あらかじめ表に入力しておいた都道府県名のセルF2を指定します。なお、**「検索条件」のセルは、数式をコピーしたときに「京都府」、「兵庫県」と参照セルが移動しないと困るため、相対参照のままにしておきます**。この参照形式の使い分けが正しくできれば、G2セルに入力したSUMIF関数の式を下にコピーした際、ほかの都道府県の売上金額が正しく合計されます。これなら、販売地域ごとに売上金額をまとめた表をSUMIF関数ですばやく作れるようになりますね。

まとめ

①条件に当てはまるデータだけを対象にして金額などを合計するには、SUMIF関数を使う。

②SUMIF関数が利用できるのは、1列に一つの項目が入力され、1行に1件のデータが入力されたデータベース形式の表に限られる。

大阪府の販売件数を求めたい 〜COUNTIF〜

「条件」に合うセルを数えて「件数」を求める

SUMIFと同じように、セルの数を数えるCOUNTにも「もしも〜なら」というIFを付けた名前の関数があります。それがここで紹介する**COUNTIF（カウントイフ）**関数です。

110ページの図のような売上管理表があるとき、この中に大阪府の売上データが何件あるかを知りたい。そんなときには、COUNTIF関数を使って、**B列の「都道府県」の中に「大阪府」と入力されたセルがいくつあるかを求めます**。

ちなみにCOUNTIF関数もSUMIF関数と同じようにデータベース形式のレイアウトになった表で利用します。この売上管理表では1行に1件のデータが入力されているので、「都道府県」列に含まれる「大阪府」のセルを数えれば、それはそのまま大阪府の売上データの件数を求めることになるわけです。

COUNTIF関数の引数は「**範囲**」と「**検索条件**」の二つです。「範囲」に指定したセル範

COUNTIF関数で「大阪府」のセルの個数を求める

=COUNTIF(B4:B16 , "大阪府")

	A	B	C	D	E
1			大阪府の売上件数	4	
2					
3	日付	都道府県	販売店	売上金額	
4	2018/1/5	京都府	阪京ストア三条店	53,190	
5	2018/1/5	大阪府	阪京ストア梅田店	57,380	
6	2018/1/5	京都府	エイト伏見店	46,590	
7	2018/1/5	東京都	西急ストア池袋店	45,860	
8	2018/1/5	大阪府	阪京ストア十三店	45,000	
9	2018/1/5	青森県	エイト八戸店	84,750	
10	2018/1/5	大阪府	ケイストア豊中	48,870	
11	2018/1/5	鹿児島県	西急ストア別府店	36,250	
12	2018/1/5	兵庫県	エーケースーパー芦屋	40,180	
13	2018/1/5	京都府	阪京ストア河原町店	40,810	
14	2018/1/5	東京都	エイト渋谷店	84,520	
15	2018/1/5	大阪府	阪京ストア十三店	45,000	
16	2018/1/5	兵庫県	エイト神戸三宮店	39,130	
17					
18					
19					
20					

COUNTIF関数を使うと、B列の都道府県のセルから「大阪府」と入力されたデータを探し、その数を求められる。大阪府の売上件数を求める際に利用しよう。

●条件を満たすセルの個数を数える

=COUNTIF（範囲，検索条件）

COUNTIF関数の引数「検索条件」には条件を入力し、「範囲」にはその条件を探す列のセル範囲を指定する。これらの引数の指定方法はSUMIF関数と同じだ。

COUNTIF関数を入力する

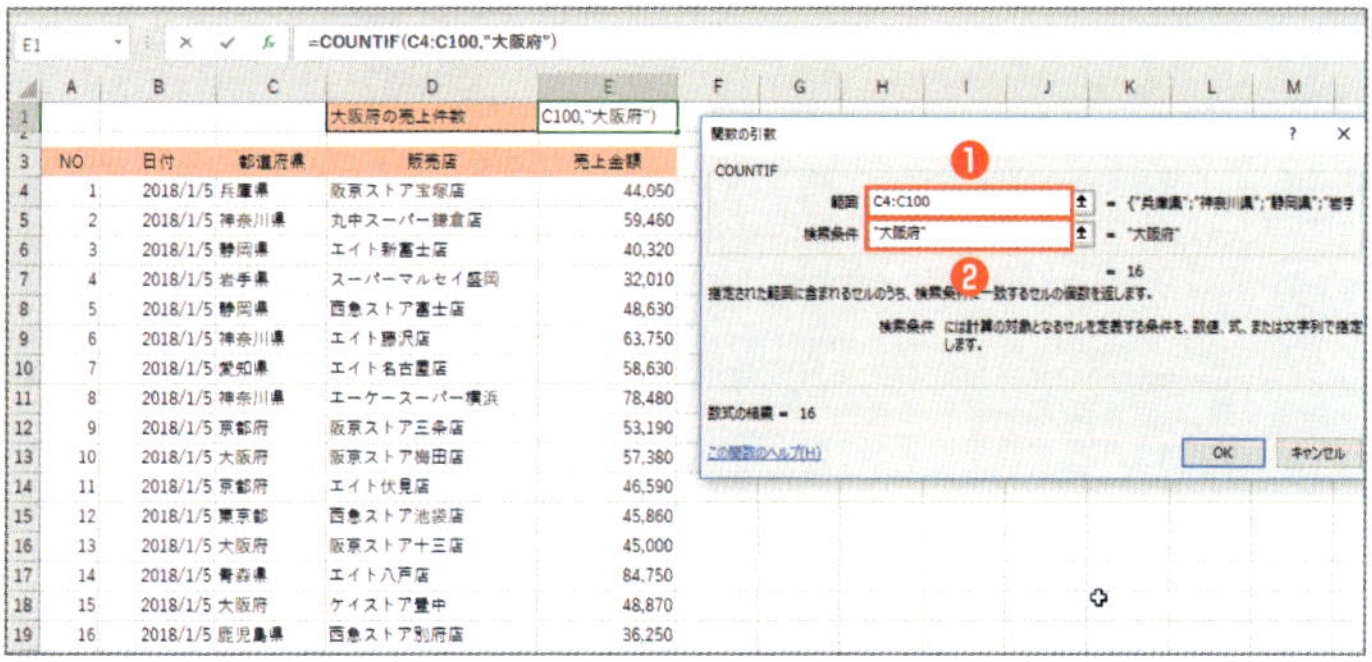

E1セルを選んで37ページの手順でCOUNTIF関数の「関数の引数」画面を開いたら、❶「範囲」欄をクリックし、C列の「都道府県」のセル範囲を指定する。❷「検索条件」欄に「"大阪府"」と入力し、「OK」をクリックする。

COUNTIF関数の式が入力され、セルには大阪府の売上データの件数が求められた。

囲から「検索条件」に指定したデータを探して、見つかったセルの個数を求めます。これらの引数は、SUMIF関数の引数「範囲」、「検索条件」と全く同じなので、SUMIFを理解すれば、同時にCOUNTIFも使えるようになりますね。

セルにCOUNTIF関数を入力する手順は111ページのようになります。E1セルに入力したCOUNTIF関数の式では、引数「範囲」に都道府県が入力されたC列のセル範囲を指定し、「検索条件」には「"大阪府"」と入力しています。

なお、大阪府だけでなく、ほかの都道府県の件数も同時に求めたい場合は、106ページで紹介したような一覧表を作れば、COUNTIF関数の式をコピーして効率よく求められます。この場合は、SUMIF関数と同じように**「範囲」に指定したセル範囲を絶対参照に変更して、コピーの際に移動しないようにしておく**ことがポイントです。

まとめ

①条件に当てはまるセルの個数を数えるにはCOUNTIF関数を使う。売上データなどの件数を、得意先を指定して求めるといった際に利用できる。

②COUNTIF関数は、1列に一つの項目が入力され、1行に1件のデータが入力されたデータベース形式の表でのみ利用できる。

第4章 コードから対応するデータを自動入力

あわ
あわ
この番号なんて商品だっけ……?
MA002は…
ズラリッ
第4章キャプチャ用サンプル
ファイル
ホーム
ページ レイアウト
Q23
B C D F G H
34 2018/1/7 3004 西急ストア富士店 WA001 120 28 3,360
35 2018/1/7 2002 エイト藤沢店 SA002 130 37 4,810
36 2018/1/7 2003 エーケースーパー横浜 MA003 140 46 6,440
37 2018/1/7 4003 阪京ストア三条店 SA003 140 31 4,340
38 2018/1/7 5002 阪京ストア梅田店 SA005 140 33 4,620
39 2018/1/7 4001 エイト伏見店 MA001 150 27 4,050
40 2018/1/7 1004 西急ストア池袋店 SA004 120 27 3,240
41 2018/1/7 6001 エイト西宮店 MA002 180 31 5,580
42 2018/1/7 2001 エイト川崎店 WA001 120 50 6,000
43 2018/1/8 6001 エイト西宮店 TE002 140 26 3,640
44 2018/1/8 2004 丸中スーパー鎌倉店 SA001 130 35 4,550
45 2018/1/8 3001 エイト新富士店 TE002 140 23 3,220
46 2018/1/8 3002 スーパーマルセイ伊豆 TE001 150 23 3,450
47 2018/1/8 3004 西急ストア富士店 WA002 110 28 3,080
48 2018/1/8 2002 エイト藤沢店 TE002 140 37 5,180
49 2018/1/8 2003 エーケースーパー横浜 SA001 130 46 5,980
50 2018/1/8 4003 阪京ストア三条店 WA001 120 31 3,720
51 2018/1/9 6001 エイト西宮店 SA004 120 26 3,120
52 2018/1/9 2004 丸中スーパー鎌倉店 MA002 180 35 6,300
53 2018/1/9 3001 エイト新富士店 WA001 120 23 2,760
54 2018/1/9 3002 スーパーマルセイ伊豆 TE002 140 23 3,220
55 2018/1/9 3004 西急ストア富士店 SA001 130 28 3,640
56 2018/1/9 2002 エイト藤沢店 SA003 140 37 5,180
これ 自動で入力できる関数ってないのかなぁ……
ピロン
伊藤直人
直人クイズ「もうお腹いっぱい!」を中国語で答えよ!
イラッ
言語変えてもわからんがな!
ポイッ

パシッ
麻衣 それは……
エクセル界の〝UFOキャッチャー〟
VLOOKUP《ブイルックアップ》関数でしょ！
バァーーン!!
シュッ
VLOOKUPか!!
シュッ
ああ!!
探して（縦） 探して（横）
『マンガで学ぶエクセル』P104 参照
データをキャッチ！ 忘れたの？
ガシッ
ヒュンッ
ヒュンッ
2,367
CATCH!!
名前は思い出しました！
踊りも…
でも……
もう一度教えてください～!!
ばっ

VLOOKUP関数

＝VLOOKUP(検索値,範囲,列番号,検索方法)

これまで
やりたいこと
TE001は涼風茶、
SA001はコララコーラ…
MA002は…えーと
なんだっけ…
あっそうだ
ビタキタゴールドだ
あーーっっ
おわらないぃぃ!!
カタカタ
カタカタ
WA002
北の大地の天然水 110円
SA005
50円
うまソーダ 120円
竜巻レモネード 140円
MA003
SA004
パチン
入力!
こんな感じで
商品コードを書けば
商品名と単価が
自動で入力されれば
いいわけよね？
ビシッ
そうです！
これが
したかったんです！
OK!
じゃあ
そのやり方を
説明してくわよ

まずは探す元となる商品リストを用意するの
これです!!
サッ
商品一覧表
商品コード 商品名 単価
MA001 マッスルパートナー 150
MA002 ビタキタゴールド 180
MA003 竜巻レモネード 140
SA001 コラコーラ 130
SA002 ウィルキントン 130
SA003 すっぱレモン 140
SA004 うまソーダ 120
SA005 シュワっと変身 140
TE001 涼風茶 150
TE002 うたた寝茶
WA001 アルプス透明うるおい水
WA002 北の大地の天然水

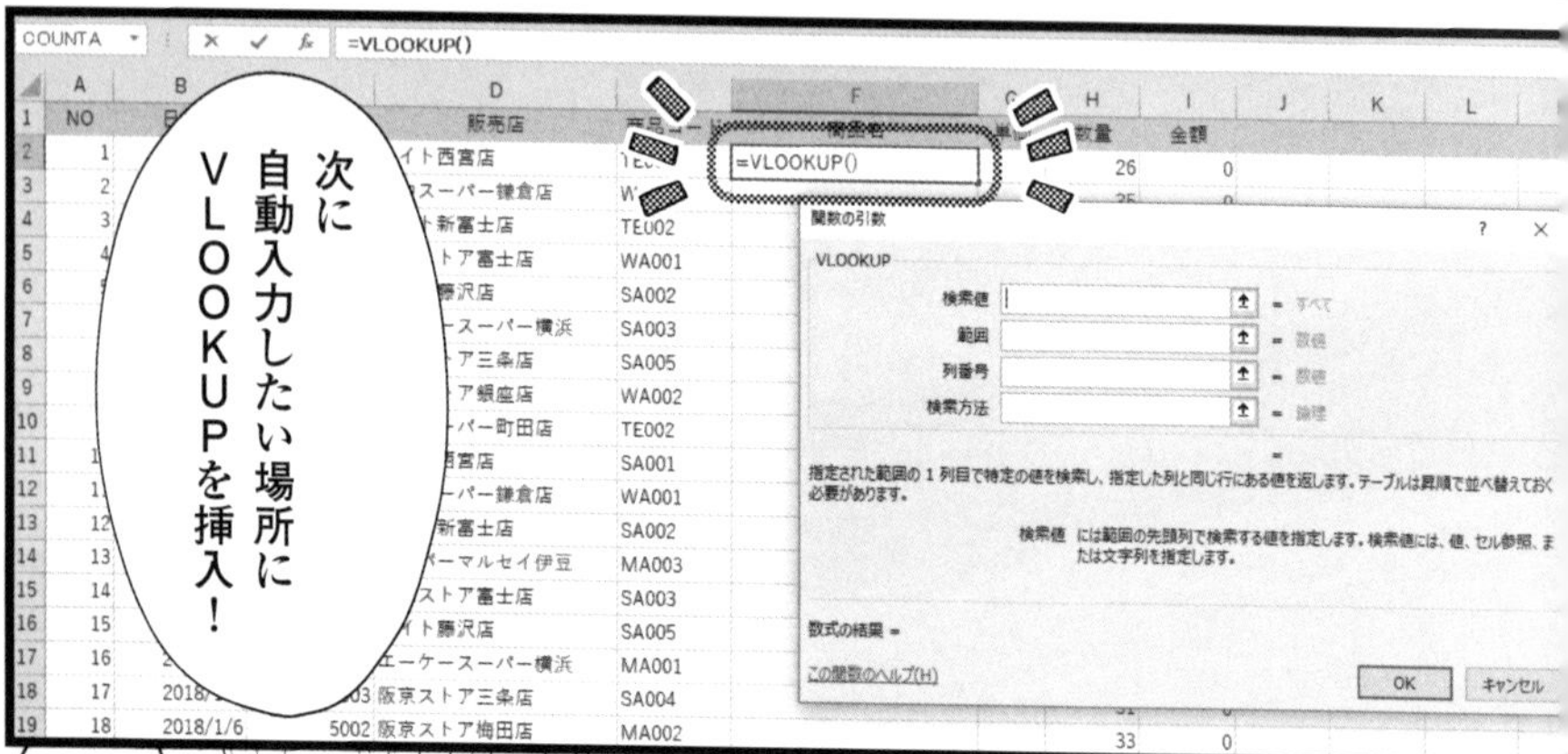
次に自動入力したい場所にVLOOKUPを挿入!
=VLOOKUP()
関数の引数
VLOOKUP
検索値
範囲
列番号
検索方法
指定された範囲の 1 列目で特定の値を検索し、指定した列と同じ行にある値を返します。テーブルは昇順で並べ替えておく必要があります。
検索値 には範囲の先頭列で検索する値を指定します。検索値には、値、セル参照、または文字列を指定します。
数式の結果 =
この関数のヘルプ(H)
OK
キャンセル

ここに入れていけばいいんですよね
やってみます!
関数の引数
VLOOKUP
検索値
範囲
列番号
検索方法
指定された範囲の 1 列目で特定の値を検索し、指定した列と同じ行にある値を返します。テーブルは昇順で並べ替えておく必要があります。
検索値 には範囲の先頭列で検索する値を指定します。検索値には、値、セル参照、または文字列を指定します。
数式の結果 =
OK

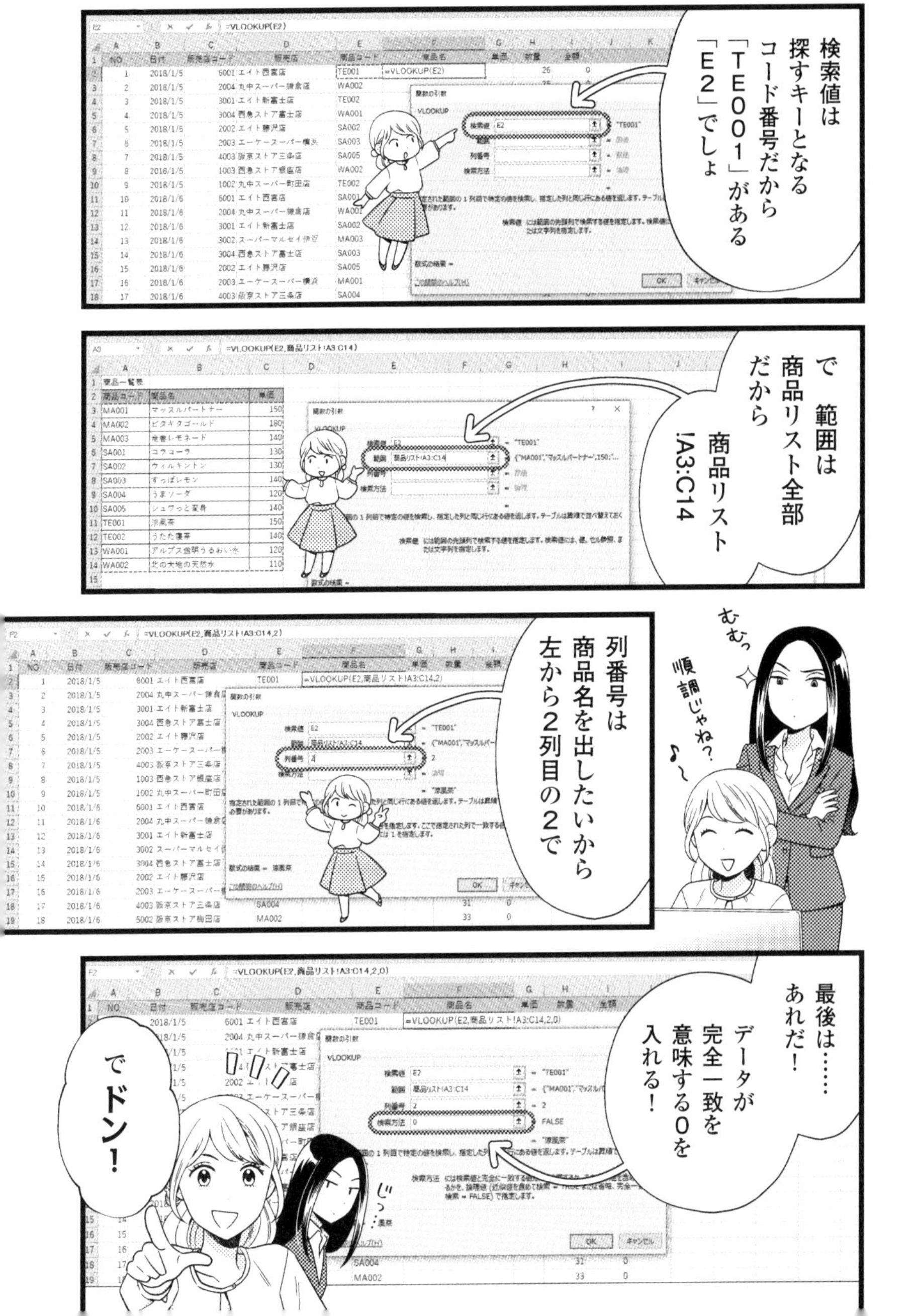
=VLOOKUP(E2)
検索値は探すキーとなるコード番号だから「TE001」がある「E2」でしょ
=VLOOKUP(E2,商品リスト!A3:C14)
で 範囲は商品リスト全部だから
商品リスト!A3:C14
=VLOOKUP(E2,商品リスト!A3:C14,2)
むむっ
順調じゃね？
♪〜
列番号は商品名を出したいから左から2列目の2で
=VLOOKUP(E2,商品リスト!A3:C14,2,0)
最後は……あれだ！
データが完全一致を意味する0を入れる！
じっ……
で ドン！

=VLOOKUP(E2,商品リスト!A3:C14,2,0)
バッチリじゃないですか〜♪
キャッ
キャッ
単価も同様に呼び出してこの二つをコピーすれば…
スゴイな私の記憶力
カチ
カチ
=VLOOKUP(E2,商品リスト!A3:C14,2,0)
でき……
あれ？
できてない……なんで？
#N/A？
じーっ
うーん…
あ！
絶対参照か！
$
そうよよく気づいたわね
麻衣！

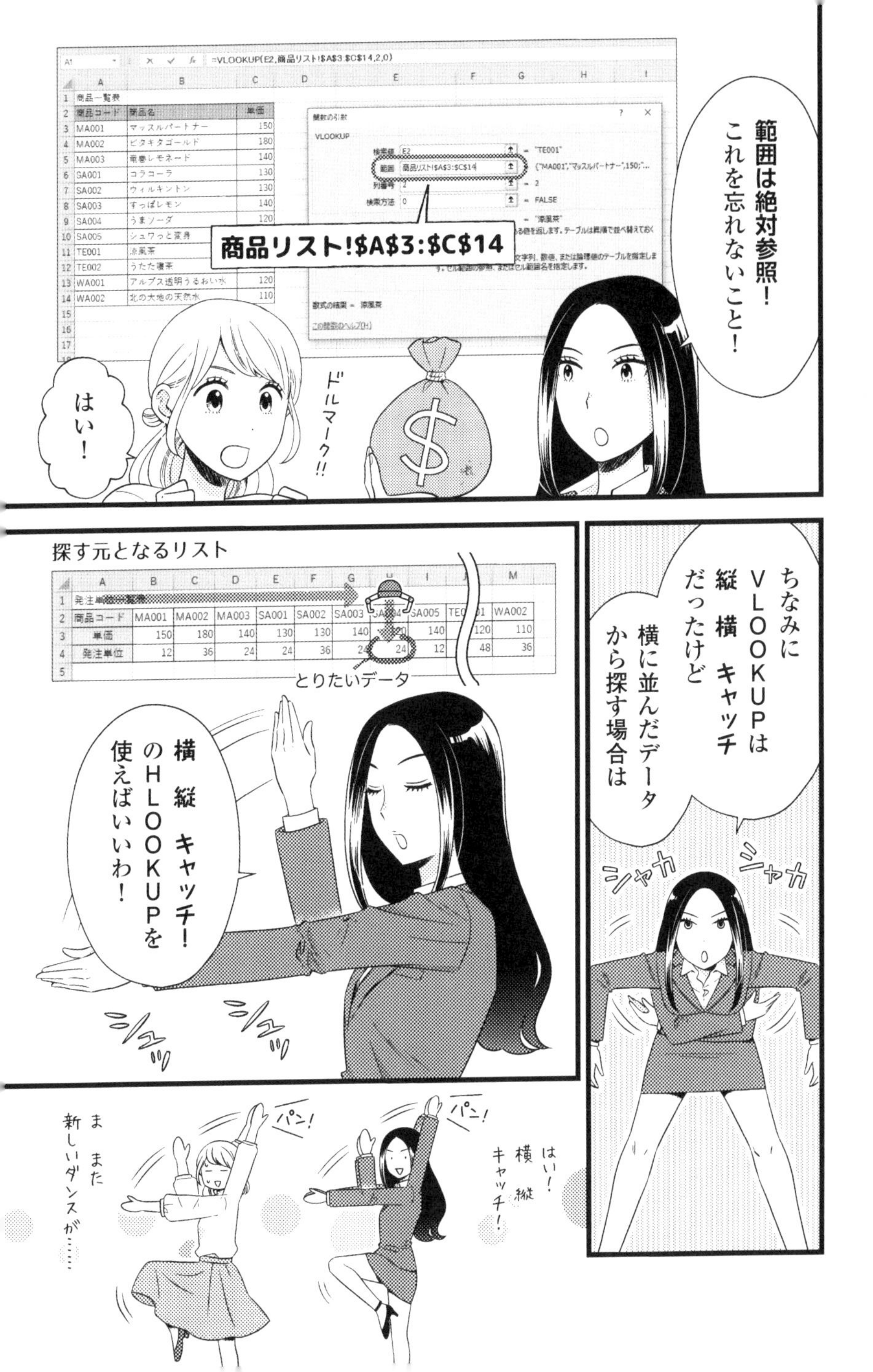

=VLOOKUP(E2,商品リスト!$A$3:$C$14,2,0)
商品一覧表
商品コード 商品名 単価
MA001 マッスルパートナー 150
MA002 ピタキタゴールド 180
MA003 竜巻レモネード 140
SA001 コラコーラ 130
SA002 ウィルキントン 130
SA003 すっぱレモン 140
SA004 うまソーダ 120
SA005 シュワっと変身
TE001 涼風茶
TE002 うたた寝茶
WA001 アルプス透明うるおい水 120
WA002 北の大地の天然水 110
関数の引数
VLOOKUP
検索値 E2 = "TE001"
範囲 商品リスト!$A$3:$C$14
列番号 2 = 2
検索方法 0 = FALSE
数式の結果 = 涼風茶
この関数のヘルプ(H)
商品リスト!$A$3:$C$14
範囲は絶対参照！これを忘れないこと！
ドルマーク!!
はい！
ちなみにVLOOKUPは縦 横 キャッチだったけど
横に並んだデータから探す場合は
シャカ シャカ
探す元となるリスト
商品コード MA001 MA002 MA003 SA001 SA002 SA003 SA005 WA002
単価 150 180 140 130 130 140 140 120 110
発注単位 12 36 24 24 36 24 24 12 48 36
とりたいデータ
横 縦 キャッチ！のHLOOKUPを使えばいいわ！
シュ シュ
パン！ パン！
はい！横 縦 キャッチ！
また新しいダンスが……

コード番号から商品名や単価を自動表示したい ～VLOOKUP関数～

商品名を別表から探してセルに転記する

麻衣さんでなくても毎日の入力はできるだけ減らしてラクをしたいものです。そこで、商品や顧客のリストを持っているなら、日々の売上記録シートにそれらのリストから情報を自動で転記させましょう。これを実現してくれるのが**VLOOKUP（ブイルックアップ）関数**です。

VLOOKUP関数を使うと、123ページの図のように、売上一覧表に入力した商品コードをもとに商品リストからその商品の情報を検索して、商品名や単価をセルに表示することができます。これなら売上一覧表に入力するのは商品コードだけで済みますね。

VLOOKUP関数は、四つの引数を指定します。「**検索値**」には、検索に使いたいコード番号が入力されたセルを指定し、「**範囲**」に別表のセル範囲を指定します。「**列番号**」には、その表の何列目の内容を表示するかを指定して、「**検索方法**」には、コード番号が完全に一致する場合だけを検索対象とするかどうかを指定します。

▶ 商品リストから「商品名」と「単価」を自動表示したい

●売上一覧表

NO	日付	商品コード	商品名	単価	数量	金額
1	2018/1/5	TE001	涼風茶	150	26	3,900
⋮	⋮	⋮	⋮	⋮	⋮	⋮

❶検索

❷商品名や単価を取り出す

●商品リスト

商品コード	商品名	単価
SA004	うまソーダ	120
SA005	シュワっと変身	140
TE001	涼風茶	150
TE002	うたた寝茶	140
WA001	アルプス透明うるおい水	120
WA002	北の大地の天然水	110

商品情報をまとめた別表（商品リスト）から❶「商品コード」で情報を検索して❷「商品名」や「単価」をセルに自動で表示したい。こんな時にはVLOOKUP関数を使おう。

●別表から検索した情報を表示する

=VLOOKUP（検索値，範囲，列番号，検索方法）

VLOOKUP関数は、「検索値」に指定したコード番号を「範囲」に指定した表から検索し、見つかったら同じ行の「列番号」に指定した列のデータを返す。「検索方法」には完全に一致するコード番号だけを探すかどうかを指定する。

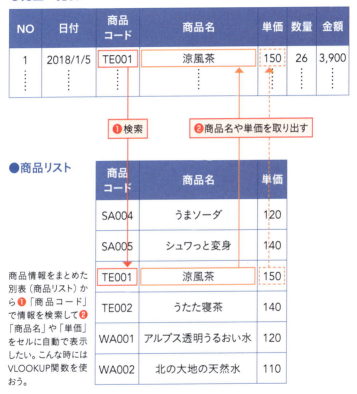

ＶＬＯＯＫＵＰで商品名を表示する仕組み

ＶＬＯＯＫＵＰ関数は、引数が四つもあるため、それだけで敬遠する人も少なくありません。でも食わず嫌いは損ですね。１２５ページの図を見ながら、売上一覧表のＤ２セルにＶＬＯＯＫＵＰ関数を入力して、商品名を表示する方法をマスターしましょう。

最初の引数「**検索値**」には、**検索したい商品コード**を指定します。これはあらかじめ売上一覧表のセルＣ２に商品コードを「ＴＥ００１」のように入力しておき、「検索値」には、このＣ２セルを指定しましょう。

２番目の引数「**範囲**」には、商品の情報をどこから探すか、つまり**情報元となる表の範囲**をドラッグして選びます。ここでは売上一覧表とは別の「商品リスト」というシートに商品情報が入力されているので、「商品リスト！Ａ３：Ｃ14」のように「シート名！セル範囲」の形で表の範囲が表示されます。

なお、ここで忘れてはいけないのが「**絶対参照**」です。Ｄ２セルに入力したＶＬＯＯＫＵＰ関数の式は、その後オートフィル操作で下へコピーするため、**コピーした際に商品リストのセル番地がずれないようにしておく**必要があるからです。１２７ページの手順にあるように「範囲」の表を選んだあと続けて「Ｆ４」を押せば、「商品リスト！$Ａ$３：$Ｃ$14」という絶対参照

VLOOKUP関数で商品コードから「商品名」を求める

●売上一覧表

	A	B	C	D	E	F
1	NO	日付	商品コード	商品名	単価	数量
2	1	2018/1/5	TE001	涼風茶	150	26
3	2	2018/1/5	WA002	北の大地の天然水	110	35
4	3	2018/1/5	TE002	うたた寝茶	140	23
5	4	2018/1/5	WA001	アルプス透明うるおい水	120	28

=VLOOKUP(C2,商品リスト!$A$3:$C$14,2,0)

検索値　範囲　列番号　検索方法

●「商品リスト」シートの商品一覧表

	A	B	C
1	商品一覧表		
2	商品コード	商品名	単価
3	MA001	マッスルパートナー	150
4	MA002	ビタキタゴールド	180
5	MA003	竜巻レモネード	140
6	SA001	コラコーラ	130
7	SA002	ウィルキントン	130
8	SA003	すっぱレモン	140
9	SA004	うまソーダ	120
10	SA005	シュワっと変身	140
11	TE001	涼風茶	150
12	TE002	うたた寝茶	140
13	WA001	アルプス透明うるおい水	120
14	WA002	北の大地の天然水	110

検索される方向

1列目　2列目　3列目

商品コードが入力されたセルを「検索値」に指定すると、「範囲」に指定した商品リストからその商品コードの情報を検索する。「列番号」には、そのうち何列目の内容を返すかを番号で指定する。「検索方法」には「0」と指定すると、完全に一致するコード番号だけを探すようになる。

の表示に変わります。

　また、「範囲」の表では、コード番号は左端の列で検索されるため、**商品コードは1列目に入力**しておきます。つまり、VLOOKUP関数は、まず「商品リスト」の1列目の中で縦に動いてコード番号を検索し、「TE001」を探します。見つかったら今度はその行の中で横に動いて商品名を探し、「涼風茶」のようにセルに表示するわけです。

　このタテ・ヨコの順に動く様子がクレーンゲームのようなので、今日子さんはVLOOKUP関数をUFOキャッチャーに例えていたわけですね。

　続けて後半です。3番目の引数「**列番号**」には、**セルに返すデータが「範囲」の表の何列目にあるのか**を、左から「1」「2」…と数えた

VLOOKUP関数を入力して「商品名」を表示する（手順1）

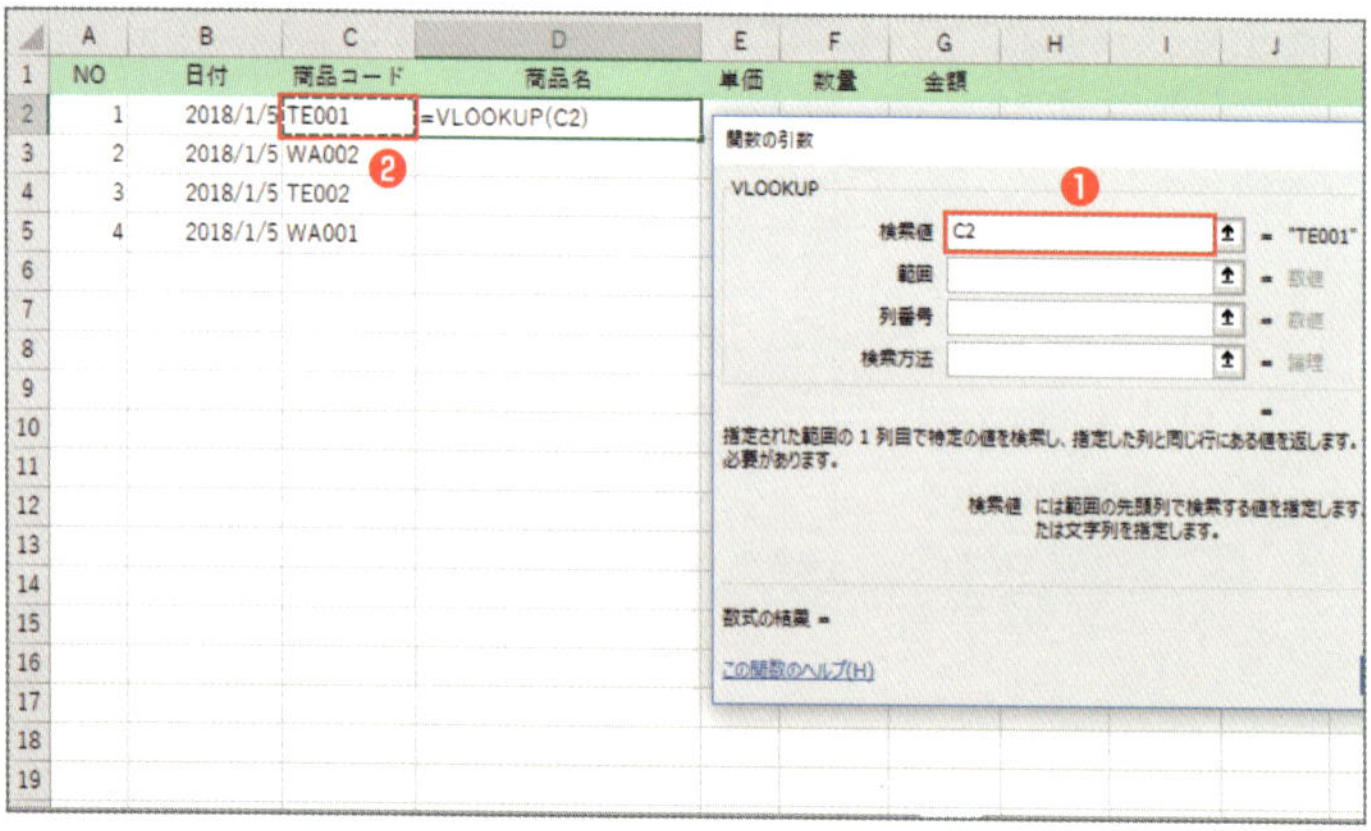

D2セルをクリックし、37ページの手順でVLOOKUP関数の「関数の引数」画面を開いたら、❶「検索値」欄をクリックし、❷商品コードが入力されたC2セルを選ぶ。

VLOOKUP関数を入力して「商品名」を表示する（手順3〜4）

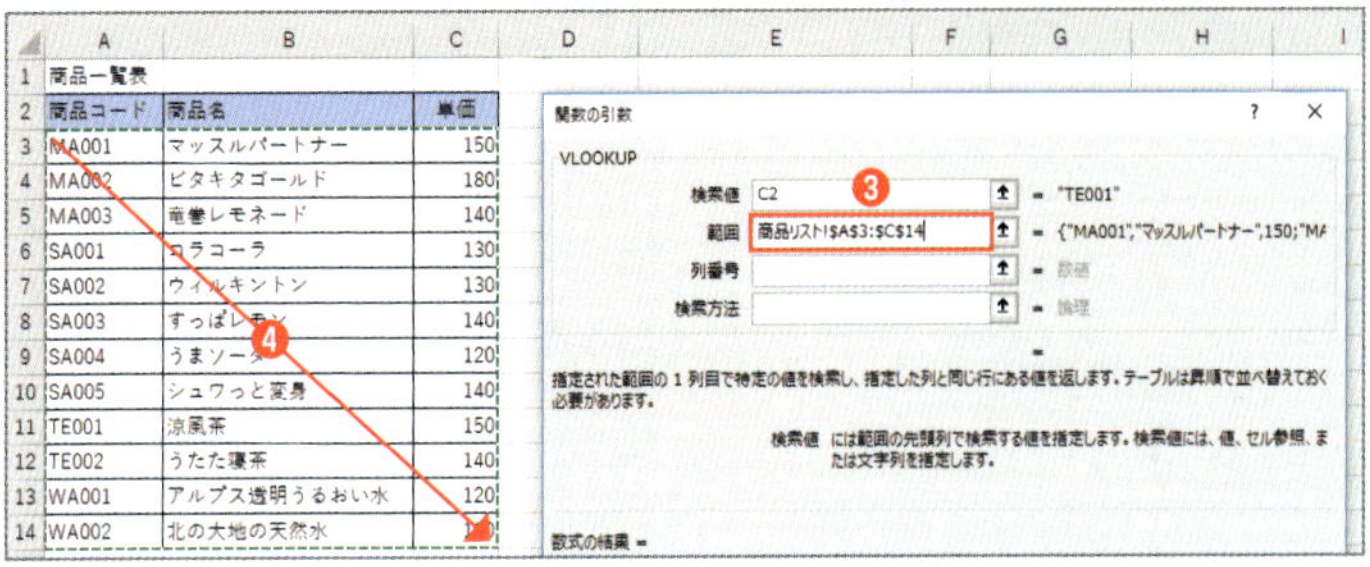

❸「範囲」欄をクリックし、❹「商品リスト」シートにある商品一覧表の範囲（A3:C14）をドラッグ後、「F4」キーを押して絶対参照にする。これで「商品リスト!$A$3:$C$14」のように、四つの「$」が追加された表示になる。

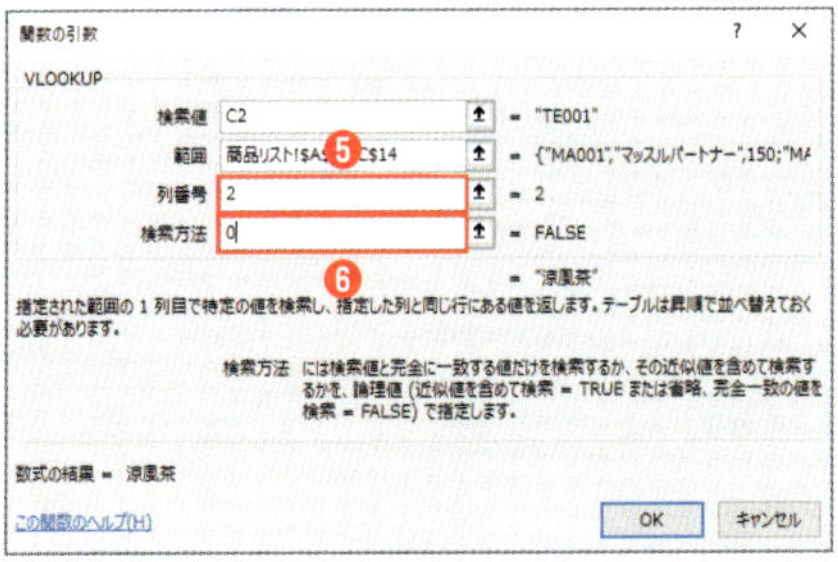

❺商品名を探すので、「列番号」に「2」と入力。❻完全に一致するコードだけを検索するので「検索方法」に「0」と入力して「OK」をクリックすると、VLOOKUP関数の式が入力される。

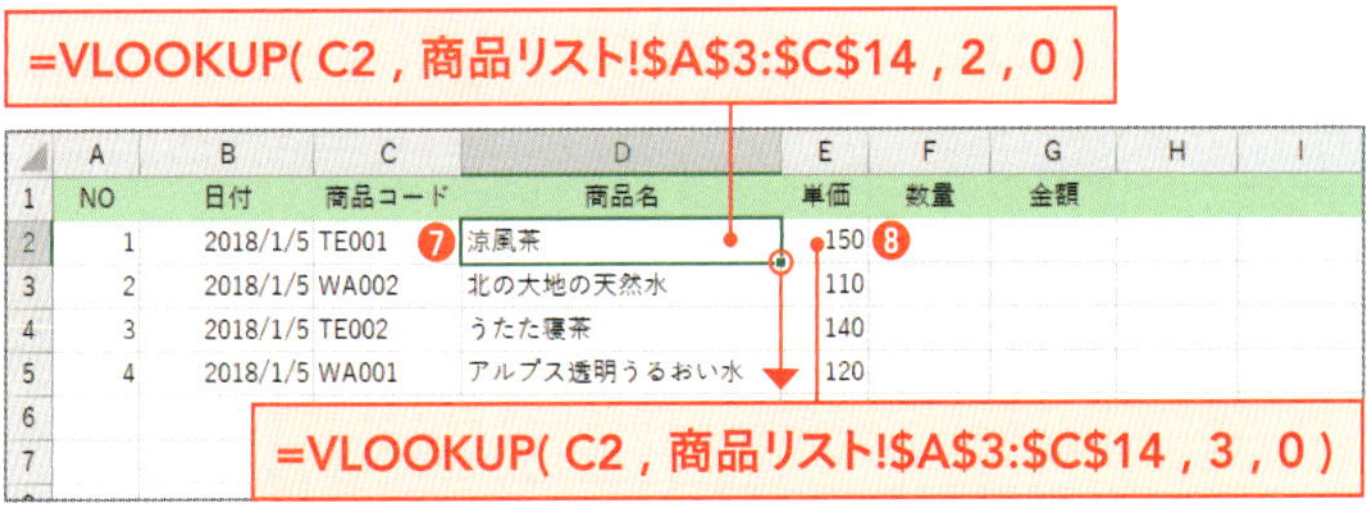

❼D2セルをオートフィル操作で下にコピーすると、ほかのデータの商品名が表示される。❽E2セルにもVLOOKUP関数の式を入力すれば、「範囲」の表の3列目にある単価を表示できる。

数値で指定します。商品名は2列目なので「2」、単価の場合は「3」となりますね。

最後の引数「検索方法」では、「TE001」といった商品コードが完全に一致するものだけを検索対象とするかどうかを指定します。商品コードは1文字でも違うと別商品になってしまうため、完全に一致するものだけを探したいですね。このように、**全く同じコード番号だけを検索するには、「検索方法」に「0」と指定**します。

※なお、この場合は同一の商品コードが「商品リスト」にない場合、検索自体ができなくなるため、セルには「#N/A」というエラーが表示されます。

ここまでのルールを踏まえて、実際にVLOOKUP関数を入力してみましょう。詳しい手順を126ページ、127ページでも紹介しているので、こちらが参考になるでしょう。

まとめ

①商品リストなどの別表から情報を検索して、商品名や単価などをセルに転記するにはVLOOKUP関数を使う。

②VLOOKUP関数では、「検索値」、「範囲」、「列番号」、「検索方法」という四つの引数を指定する。

※完全に一致するコードだけを検索する場合、「検索方法」に半角で「FALSE」と入力してもかまいません。

コード番号から販売店の都道府県を求める ～VLOOKUP関数の応用～

「1000番台なら『東京都』」と検索する

コード番号には、大きさによって分類の情報を持たせたものもあります。たとえば、130ページの売上一覧表では、C列に入力された販売店コードは、1000～1999なら「東京都」、2000～2999なら「神奈川県」のように、都道府県に応じて番号の大きさを変えて設定されています。

この場合、C列の販売店コードの「大きさ」をVLOOKUP関数で検索すれば、D列にその販売店がある都道府県を表示できます。コード番号と完全に一致するかどうかではなく、**「〇〇以上〇〇未満」といった範囲で検索する**のがポイントです。

D2セルに入力するVLOOKUP関数の式は130ページのようになります。これを見ると、4番目の引数「検索方法」に「1」と指定されていますね。これで「3001」という販売店コードが含まれるのは「静岡県」だと検索され、D2セルに「静岡県」と表示されるのです。

▶「販売店コード」が1000番台なら「東京都」と表示する

●売上一覧表

	A	B	C	D	E	
1	NO	日付	販売店コード	都道府県	販売店	商
2	1	2018/1/5	3001	静岡県	エイト新富士店	TE
3	2	2018/1/5	2004	神奈川県	丸中スーパー鎌倉店	WA
4	3	2018/1/5	1003	東京都	西急ストア銀座店	TE
5	4	2018/1/5	5002	大阪府	阪京ストア梅田店	WA

=VLOOKUP(C2,都道府県!$A$3:$B$8,2,1)

検索値　範囲　列番号　検索方法

●「都道府県」シート の都道府県一覧表

	A	B	C	D	E
1	都道府県一覧				
2	販売店コード	都道府県			
3	1000	東京都			
4	2000	神奈川県			
5	3000	静岡県			
6	4000	京都府			
7	5000	大阪府			
8	6000	兵庫県			
9					
10					
11					
12					
13					
14					
15					
16					
17					

引数「検索方法」に「0」以外の数値（ここでは「1」）を入力すると、販売店コードが1000～1999なら「東京都」、2000～2999なら「神奈川県」のように、どの範囲に含まれるかで検索できる。たとえば販売店コードが「3001」なら、D2セルに「静岡県」と表示される。

▶ 販売店コード「3001」の都道府県の求め方

「3001」は「3000以上4000未満」なので3行目が検索

販売店コード	都道府県	
1000	東京都	←1000～1999
2000	神奈川県	←2000～2999
3000	静岡県	←3000～3999
4000	京都府	←4000～4999
5000	大阪府	←5000～5999
6000	兵庫県	←6000以上

検索方法を「0」以外にすると、「検索値」に指定したコード番号が「『販売店コード』の数値」以上で「その次の行の販売店コード」未満となる行が検索結果になる。たとえば「3001」なら3000以上4000未満なので3行目が検索される。

VLOOKUP関数で**「検索方法」に0以外の数値を指定すれば、このような範囲での検索ができます。**その場合は引数「範囲」に指定する表を上の図のように作りましょう。

まず、**左端のコード番号の列には、区切りとなる数値を昇順で入力**しておきます。この例では、1000ずつ区切るため、「1000」、「2000」、「3000」…と入力するわけですね。

VLOOKUP関数では、引数「検索値」に指定した販売店コード（ここでは「3001」）を、上から順にこの数値と比較していきます。そして、自身よりも大きな数値が出現したら、その上の行で検索を終了します。

この例では、検索値は「3001」です。4行目の販売店コード「4000」は「3001」より大きいため、ここで1行上に戻って3行目の

「3000」の行が検索されます。さらに、引数「列番号」には「2」と指定されているので、この行の2列目の「静岡県」が検索結果としてD2セルに表示されるわけです。

つまり、販売店コードが「3000以上4000未満」なら「静岡県」になります。ただし、入力されるコード番号は整数に限られるので、実際には3000から3999までの販売店コードが静岡県の店舗として検索されることになります。

なお、「販売店コード」の**先頭行には、入力される販売店コードの最小値以下となる数値**を入れましょう。この例で先頭の値が「1000」なのは、入力される販売店コードがすべて1000以上だからです。もし「999」という販売店コードを引数「検索値」に指定すると、

▶ VLOOKUP関数を入力して都道府県を表示する（手順1）

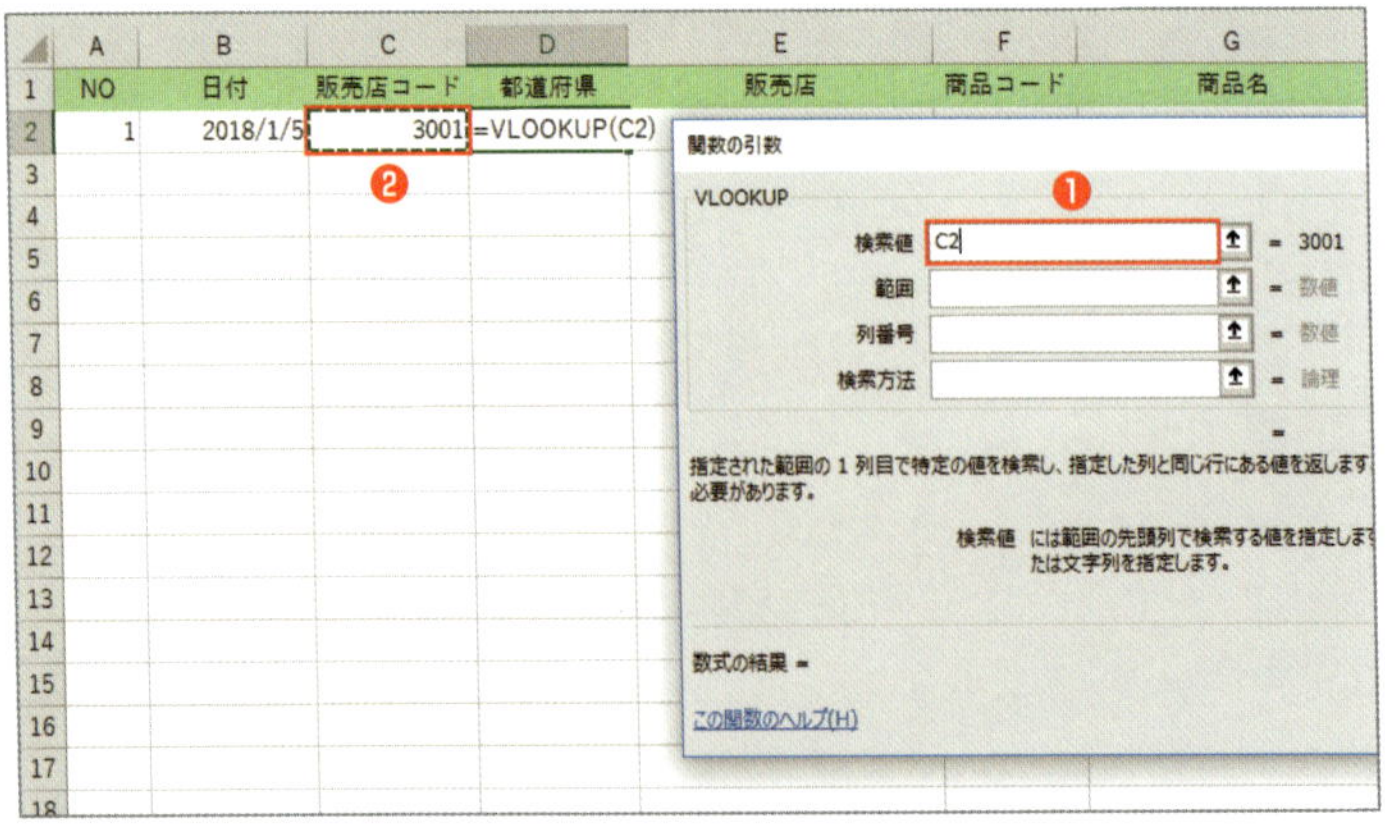

D2セルをクリックし、37ページの手順でVLOOKUP関数の「関数の引数」画面を開いたら、❶「検索値」欄をクリックし、❷販売店コードが入力されたC2セルを選ぶ。

VLOOKUP関数を入力して都道府県を表示する（手順2～3）

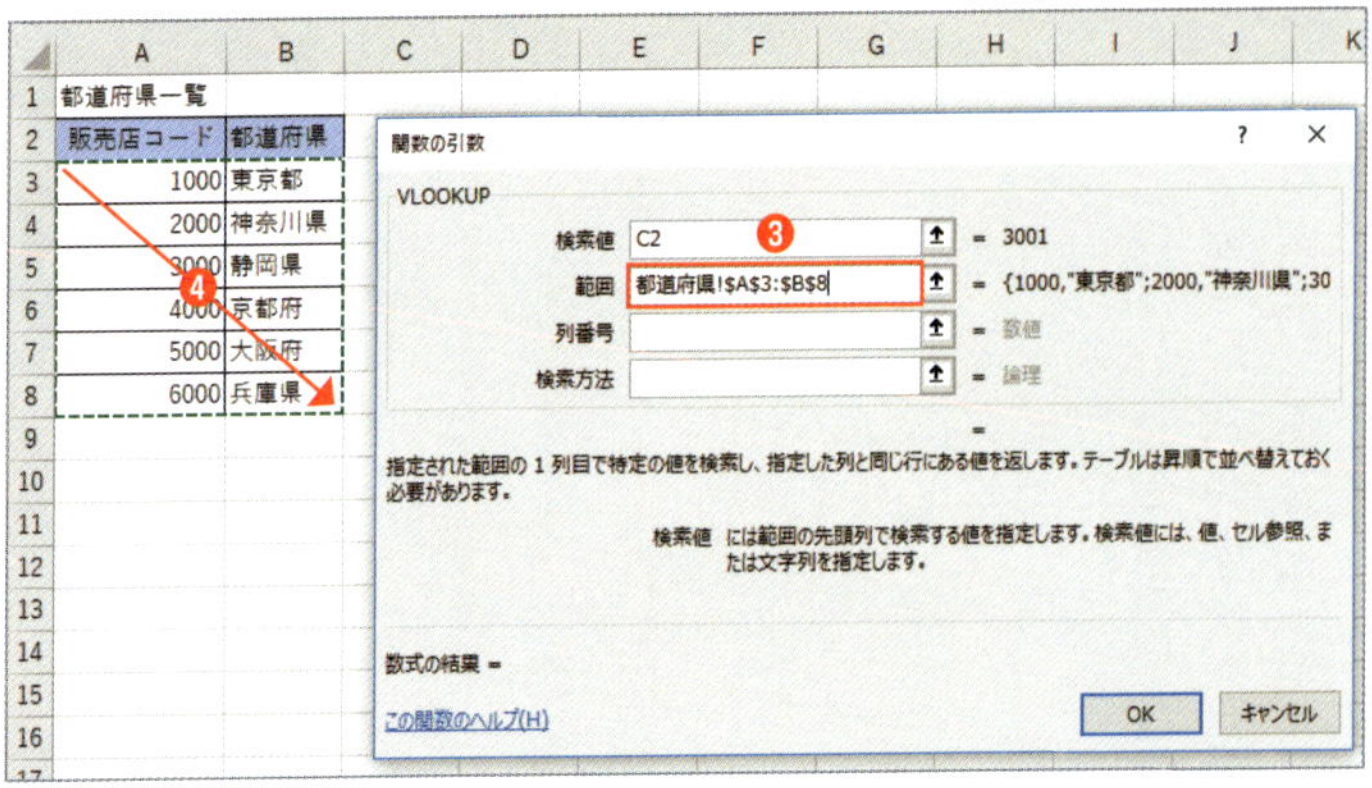

❸「範囲」欄をクリックし、❹「都道府県」シートにある都道府県一覧表の範囲（A3:B8）を選択し、「F4」キーを押して絶対参照にする。これで「範囲」に「都道府県!$A$3:$B$8」と表示される。

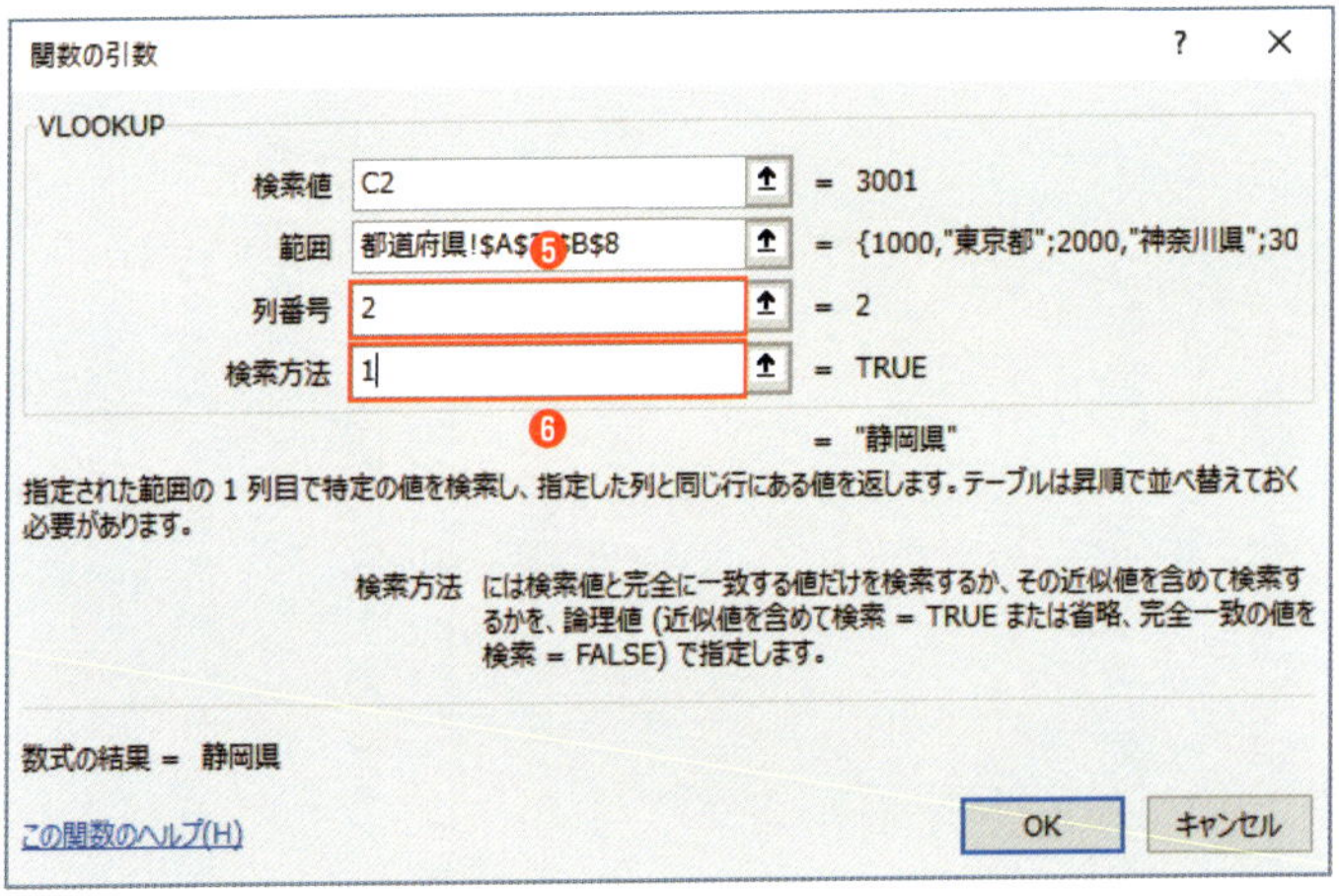

❺「列番号」に「2」と入力し、❻「検索方法」に「1」（「0」以外の数値なら何でもよい）と入力して「OK」をクリックすると、VLOOKUP関数の式が入力され、130ページのような結果になる。

ＶＬＯＯＫＵＰ関数の結果はエラーになってしまうので注意が必要です。

ＶＬＯＯＫＵＰ関数を入力して販売店コードから都道府県を求める操作手順は、１３２、１３３ページの図で紹介しています。四つの引数のうち、「検索値」、「範囲」、「列番号」の指定のしかたは１２６ページで紹介した完全一致で検索する場合と同じです。

違うのは、４番目の引数「検索方法」です。ここには**「０」以外の数値**を入力しましょう。本書では仮に「１」としていますが、「０」以外の数値なら何でもかまいません。また、**入力自体を省略**することもできます。「関数の引数」画面で「検索方法」欄を空欄のまま「ＯＫ」をクリックして指定を終えると、自動的に範囲での検索が実行されます。

まとめ

①ＶＬＯＯＫＵＰ関数の引数「検索方法」に「０」以外の数値を指定するか省略すると、コード番号が「〇〇以上〇〇未満」かどうかで検索を実行できる。

②この検索を行う場合は、「範囲」の表の左端に入力するコード番号を昇順で並べておく。

※範囲での検索を行う場合、「検索方法」に半角で「ＴＲＵＥ」と入力してもかまいません。

参照表の見出しが縦に並んでいるときは～ＨＬＯＯＫＵＰ関数～

表の縦横が反対ならＨＬＯＯＫＵＰを使う

ＶＬＯＯＫＵＰ関数の引数「範囲」には、１行目に項目見出しが入力された表を指定します。これらの表は、列ごとにその見出しに沿った項目が入力され、なおかつ１件のデータを１行に入力する**データベース形式**（１０３ページ参照）になります。情報を引き出したい参照表がこの形でないとＶＬＯＯＫＵＰは使えません。

ところが、１３６ページの発注単位一覧表では、左端のＡ列に「商品コード」、「単価」、「発注単位」という見出しが入力されていますね。このように、データベース形式の表と異なり、見出しが縦に並んだ表から情報を転記したい場合は、**HLOOKUP（エイチルックアップ）関数**を使いましょう。

ＨＬＯＯＫＵＰ関数は、参照表の見出しが縦に並ぶレイアウトだった場合に、ＶＬＯＯＫＵＰの代わりに使う保険のような関数です。引数は「**検索値**」、「**範囲**」、「**行番号**」、「**検索方法**」の四つで、行と列の役割が入れ替わるほかはＶＬＯＯＫＵＰと全く同じです。

「見出しが縦」の表にはHLOOKUP関数を使う

●「発注単位」シートの発注単位一覧表

	A	B	C	D	E	F	G	H	I	J	K	L	M
1	発注単位一覧表												
2	商品コード	MA001	MA002	MA003	SA001	SA002	SA003	SA004	SA005	TE001	TE002	WA001	WA002
3	単価	150	180	140	130	130	140	120	140	150	140	120	110
4	発注単位	12	36	24	24	36	24	24	12	36	48	48	36
5													

1行目
2行目
3行目

検索される方向

=HLOOKUP(C2 , 発注単位!$B$2:$M$4 , 3 , 0

検索値　範囲　行番号　検索方法

●売上一覧表

	A	B	C	D	E	F	G	H
1	NO	日付	商品コード	発注単位	商品名	単価	数量	金額
2	1	2018/1/5	MA003	24	竜巻レモネード	140	48	6,720
3	2	2018/1/5	WA002	36	北の大地の天然水	110	72	7,920
4	3	2018/1/5	TE002	48	うたた寝茶	140	96	13,440
5	4	2018/1/5	WA001	48	アルプス透明うるおい水	120	96	11,520
6	5	2018/1/5	SA002	36	ウィルキントン	130	72	9,360
7	6	2018/1/5	SA003	24	すっぱレモン	140	48	6,720
8	7	2018/1/5	SA005	12	シュワっと変身	140	24	3,360
9	8	2018/1/5	WA002	36	北の大地の天然水	110	72	7,920
10	9	2018/1/5	TE002	48	うたた寝茶	140	96	13,440
11	10	2018/1/6	SA001	24	コラコーラ	130	48	6,240

見出しが縦方向に入力された上のような表から、商品コードをもとに「発注単位」を表示するにはHLOOKUP関数を使う。HLOOKUP関数では、表の中でヨコ→タテの順に移動して情報を検索してくれる。

●見出しが縦に入力された表から情報を検索する
＝HLOOKUP（検索値，範囲，行番号，検索方法）

HLOOKUP関数は、「検索値」に指定したコード番号を「範囲」の表の1行目で検索し、見つかったら同じ列の「行番号」に指定した行のデータを返す。引数の指定ルールはVLOOKUP関数と同じで、縦と横の関係が反対になった関数だ。

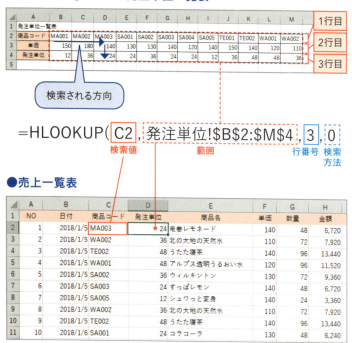

HLOOKUP関数を入力して発注単位を表示する

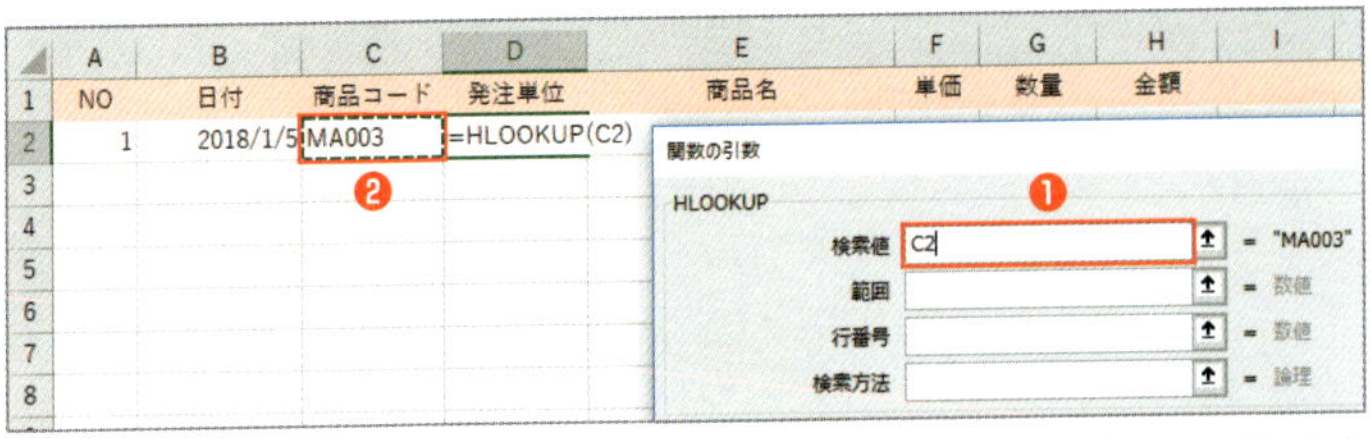

D2セルをクリックし、37ページの手順でHLOOKUP関数の「関数の引数」画面を開いたら、❶「検索値」欄をクリックし、❷商品コードが入力されたC2セルを選ぶ。

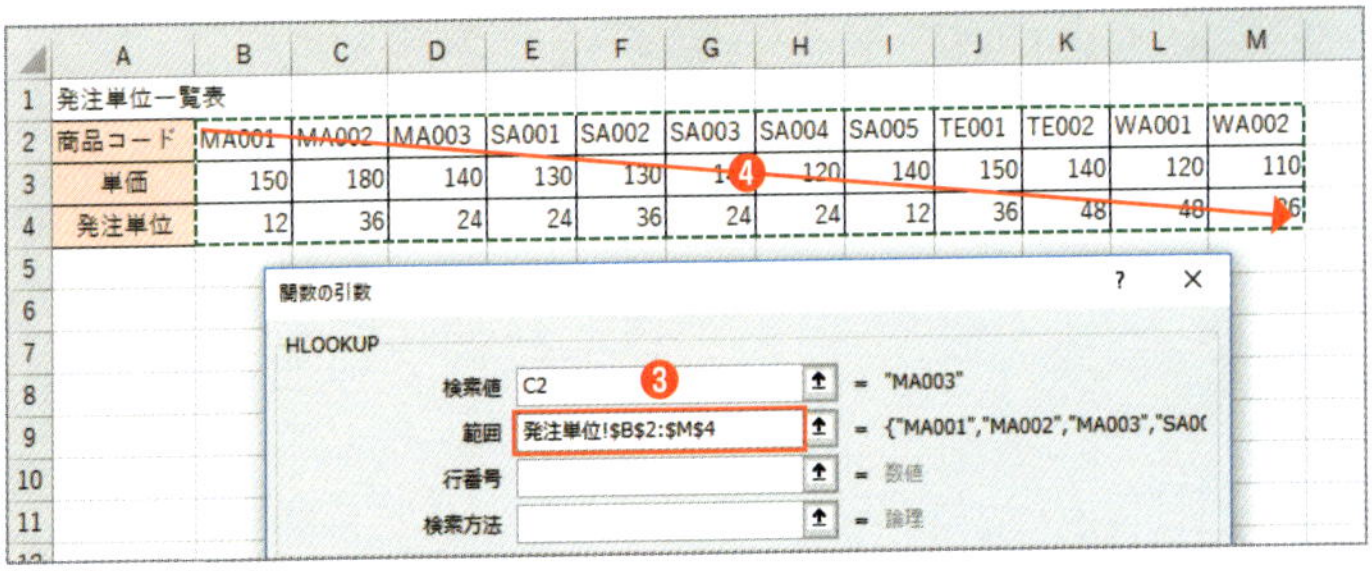

❸「範囲」欄をクリックし、❹「発注単位」シートにある発注単位一覧表の範囲（B2:M4）を選択し、「F4」キーを押して絶対参照にする。これで「範囲」に「発注単位!$B$2:$M$4」と表示される。

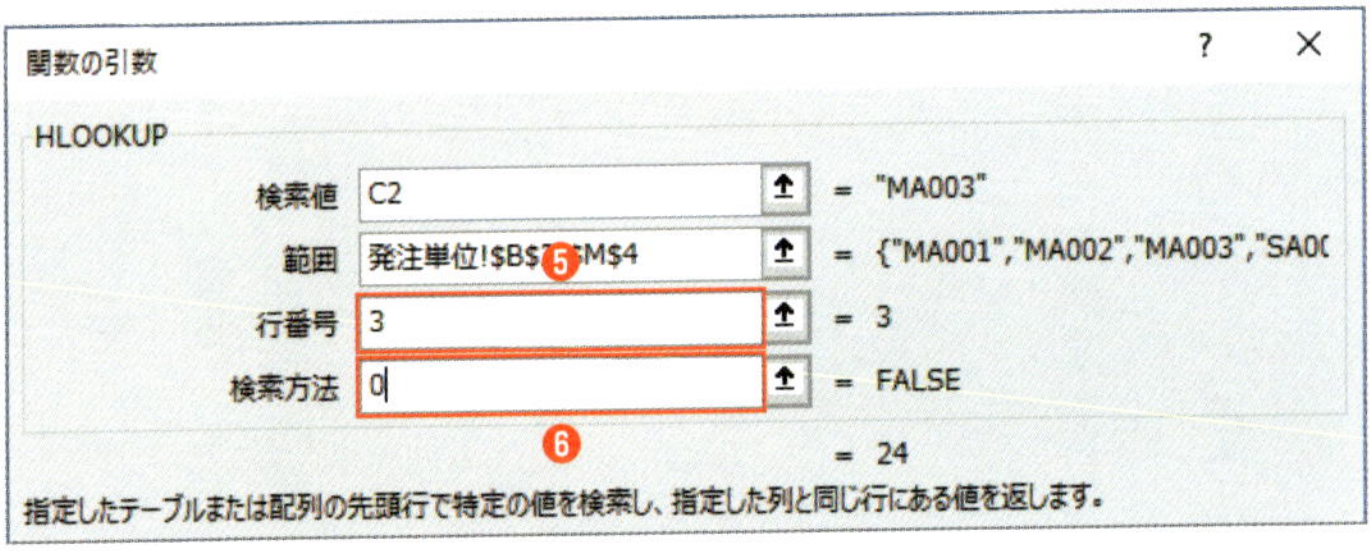

❺「行番号」に「3」と入力し、❻「検索方法」に「0」と入力して「OK」をクリックすると、HLOOKUP関数の式が入力され、136ページのように表示される。

136ページの例では、売上一覧表のD2セルにHLOOKUP関数を入力して、C2セルの商品コード「MA003」で発注単位一覧表を検索し、発注単位「24」を自動で表示しています。最初の引数「**検索値**」には、検索に使う商品コードのセルC2を指定し、「**範囲**」には発注単位一覧表のデータ部分（B2：M4）を指定します。さらに、コピーした際、この**範囲がずれないよう絶対参照**にしておきます。

「**行番号**」には、発注単位一覧表の何行目の内容をセルに表示するのかを指定します。発注単位は3行目なので「3」ですね。なお、コード番号の検索は先頭行で行われるため、コード番号の欄は発注単位一覧表の1行目に作っておきましょう。

「**検索方法**」にはVLOOKUP同様、商品コードと完全に一致するものだけを検索する場合は「0」と指定します。具体的な手順は、137ページをご覧ください。

まとめ

①項目見出しが縦に並んでいる表からコード番号をもとに情報を検索するには、HLOOKUP関数を使う。

②HLOOKUP関数では、「検索値」、「範囲」、「行番号」、「検索方法」という四つの引数を指定する。

第5章 名簿などの「文字」を自在に操作

秘技……
ススス…
連打の舞！
ズダダダダダダ
名簿にフリガナをつけるよう頼まれた麻衣は
お、すげー
うおおおおお
ダダダダダダダ
ダダダ
ひたすら勢いよく打ち込んでいった
しかし……
もうムリぃぃ
全然終わらない…
データ
フリガナ
白っ
限界はすぐにやってきた
げそっ
もう2時間も経ってる……
直人と約束してる映画始まっちゃうよ……！

何をそんなに落ち込んでるんですか？
お疲れさまです。
今日子サマ〜〜！
フリガナ入力ツライです〜
もう一生分のフリガナ書きました…
ヨロロ…
関数でやれば一瞬なのに
へえええ!?
そ そんな関数があるんですか!!??
もちろんエクセルですから
そ それ！ぜひ教えてください！
サッ
あっ

文字のフリガナを取り出す関数……
それがPHONETIC《フォネティック》関数よ！
フォネティック…なんか電話みたいですね
カシィン！
森下 今日子
モリシタ キョウコ
まずはいつも通りですね
=PHONETIC()
ぱっ
関数の引数
PHONETIC
ふりがなの文字列を取り出します。
セルを選択したらPHONETICを挿入！
=PHONETIC(A3)
顧客名簿
川本 裕子
"カワモト ユウコ"
参照にはフリガナの元になる文字が入ったセルを入れればいいから
今はA3ですね
あとはOKボタンを押すだけ
えー！
それだけ!? ほんとかなぁ…

=PHONETIC(A3)
顧客名簿
顧客名 フリガナ 電話番号 〒 都道府県 住所
川本 裕子 カワモト ユウコ
カチッ
できた!!
おお!!
じゃあ これを コピペして…
カチ カチ
ズラッ
自動 すご〜い!!
ただし 入力の仕方に よっては 間違って出てくる 場合もあるから チェックは するように
はい!
この人は「リョウコ」ですね
松村 良子 マツムラ ヨシコ
文字の関数といえば ほかにもこんな 便利なものがあるわよ
スッ
ATE関数

他のセルの中身同士を結合させるCONCATENATE《コンカテイネイト》関数！
グッ
中身を結合…？
CONCATENATE関数
婚活ねっとで結婚（結合）！とでも覚えなさい
WOW!
覚えやすい！
ダジャレかーい
M19
中身を一行に
顧客名簿
姓 名 〒 都道府県 住所 住所（印刷用）
川本 裕子 101-0003 東京都 + 千代田区一ツ橋111 → 東京都千代田区一ツ橋111
森 雄二 174-0044 東京都 板橋区相生町1-1-1 東京都板橋区相生町1-1-1
松村 良子 116-0002 東京都 荒川区荒川1-1-1 東京都荒川区荒川1-1-1
秋山 大輔 132-0024 東京都 江戸川区一之江1-1-1 東京都江戸川区一之江1-1-1
こんな風に中身をくっつけるための関数よ
ああ印刷するときあるある〜
やり方は簡単

=CONCATENATE(D3,E3)
関数の引数
CONCATENATE
複数の文字列を結合して 1 つの文字列にまとめます。
関数を挿入したら結合したいセルを順に文字列に入れていけばOK
今は都道府県と住所だからDとEなんですね
ちなみにこんな感じで空白を入れたいときは
=CONCATENATE(A3," ",B3)
引数の中に" "でスペースを入れておけばいいわ
拡大
" "
コレ。
なるほど〜!
最後にもうひとつ
今度は逆に中から取り出す関数を教えとくわね

それがLEFT MID RIGHT関数よ！
おお…!! 戦隊になってる…
なんでもやるなー
バーン!
例えば さっきとは逆で
こうやって分けたいときもあるじゃない？
こういうときに使う関数なの
これもありますね！
まずはLEFT関数からね
ザッ!!
M19

	A	B	C	D	E	F
1	顧客名簿					
2	顧客名	〒	住所	都道府県	残りの住所	
3	川本　裕子	101-0003	東京都千代田区一ツ橋111	東京都	千代田区一ツ橋111	
4	森　雄二	174-0044	東京都板橋区相生町1-1-1	東京都	板橋区相生町1-1-1	
5	松村　良子	116-0002	東京都荒川区荒川1-1-1	東京都	荒川区荒川1-1-1	
6	秋山　大輔	132-0024	東京都江戸川区一之江1-1-1	東京都	江戸川区一之江1-1-1	
7						

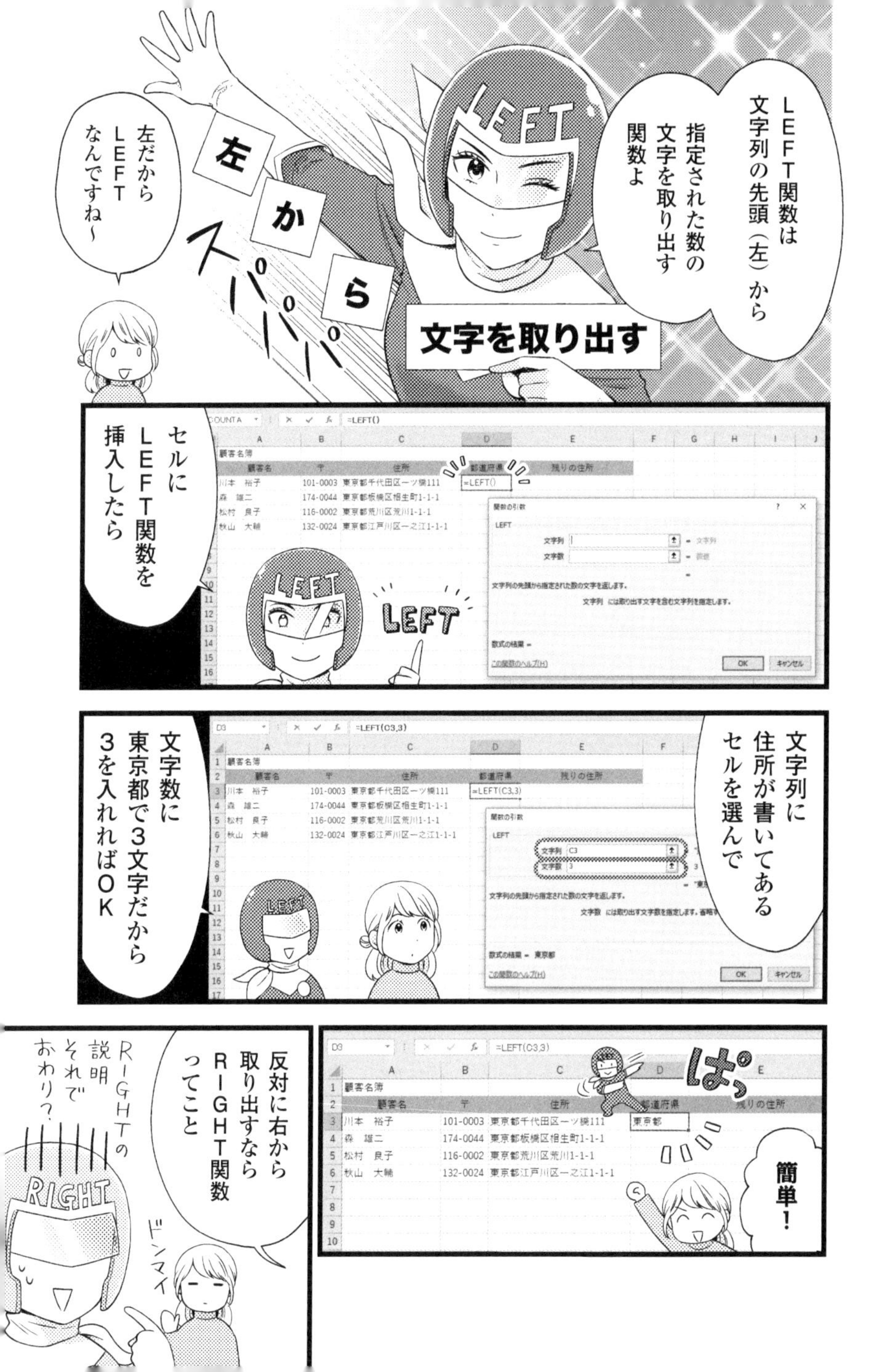
LEFT関数は文字列の先頭（左）から指定された数の文字を取り出す関数よ
LEFT
文字を取り出す
左から
左だからLEFTなんですね～
セルにLEFT関数を挿入したら
=LEFT()
顧客名簿
顧客名
〒
住所
都道府県
残りの住所
川本　裕子
101-0003
東京都千代田区一ツ橋111
森　雄二
174-0044
東京都板橋区相生町1-1-1
松村　良子
116-0002
東京都荒川区荒川1-1-1
秋山　大輔
132-0024
東京都江戸川区一之江1-1-1
関数の引数
文字列
文字数
文字列の先頭から指定された数の文字を返します。
文字列　には取り出す文字を含む文字列を指定します。
数式の結果 =
この関数のヘルプ(H)
OK
キャンセル
LEFT
文字列に住所が書いてあるセルを選んで
文字数に東京都で3文字だから3を入れればOK
=LEFT(C3,3)
文字数　には取り出す文字数を指定します。
数式の結果 =　東京都
ぱっ
東京都
簡単！
反対に右から取り出すならRIGHT関数ってこと
RIGHTの説明それでおわり？
RIGHT
ドンマイ

そして最後はMID関数！
真ん中
スコーン!!
左
右
これは文字通りミッド（真ん中）から指定して取り出す関数よ！
さっきの例でいうとこの部分ね
了解
住所
都道府県
残りの住所
区一ツ橋111
東京都
千代田区一ツ橋111
相生町1-1-1
荒川1-1-1
区一之江1-1-1
セルにMID関数を挿入したら
=MID()
顧客名簿
顧客名
〒
住所
都道府県
残りの住所
川本　裕子 101-0003 東京都千代田区一ツ橋111 東京都
森　雄二 174-0044 東京都板橋区相生町1-1-1
松村　良子 116-0002 東京都荒川区荒川1-1-1
秋山　大輔 132-0024 東京都江戸川区一之江1-1-1
関数の引数
MID
文字列
開始位置
文字数
文字列の指定された位置から、指定された数の文字を返します。半角と全角の区別なく、1 文字を 1 として処理します。
文字列 には検索の対象となる文字を含む文字列を指定します。
数式の結果 =
この関数のヘルプ(H)
OK
キャンセル
ぱっ
MID
=MID(C3,4)
文字列には対象となるセルだから住所ね
C3
4
開始位置 には
1234567
東京都千代田区
の「千」だから4よ！
開始位置には抜き出す先頭の文字までの文字数よ
了解！

E3
=MID(C3,4,30)
1 顧客名簿
2 顧客名 〒 住所 都道府県 残りの住所
3 川本　裕子 101-0003 東京都千代田区一ツ橋111 東京都 =MID(C3,4,30)
4 森　雄二 174-0044 東京都板橋区相生町1-1-1
5 松村　良子 116-0002 東京都荒川区荒川1-1-1
6 秋山　大輔 132-0024 東京都江戸川区一之江1-1-1
関数の引数
MID
文字列 C3
開始位置 4
文字数 30
数式の結果 = 千代田区一ツ橋111
この関数のヘルプ(H)
OK
キャンセル
そして最後
文字数には抜き出したい文字数を入れるの
なんで30なんですか？
E4
=MID(C4,4,10)
1 顧客名簿
2 顧客名 〒 住所 都道府県 残りの住所
3 川本　裕子 101-0003 東京都千代田区一ツ橋111 東京都 千代田区一ツ橋111
4 森　雄二 174-0044 東京都板橋区相生町1-1-1 東京都 板橋区相生町1-1-
5 松村　良子 116-0002 東京都荒川区荒川1-1-1 東京都 荒川区荒川1-1-1
6 秋山　大輔 132-0024 東京都江戸川区一之江1-1-1 東京都 江戸川区一之江1-1
文字数10だと住所が欠けてしまう
それは取り出すときに住所が欠けないように多めの数にしてるだけよ
だから100でもいいのよ
なるほど〜！
MID
時短して人生もっと楽しむの！
はい！
戦隊!?
ンフフ
でも今日のデートはしゃぎすぎてミッドナイトになっちゃダメよ！
今日子サマ英語はもう…
その調子!!
カチャ
カチャ

名前からフリガナを表示させたい　～ＰＨＯＮＥＴＩＣ関数～

セルに入力した「読み」をフリガナとして表示

麻衣さん、今度は名簿作りに奮闘しているようですね。名簿を作るときにセルに入力するのは文字列のデータです。計算に使われるのは、金額や数量といった数値のデータですが、関数の活躍シーンは何も計算だけではありません。こういった文字列データを一括で処理するときに威力を発揮してくれる関数もあるのです。

名簿にはフリガナ欄が欠かせません。151ページのような名簿があるとき、Ｂ列にはＡ列の顧客名のフリガナを自動で入力できると効率的ですね。こんなときは**ＰＨＯＮＥＴＩＣ（フォネティック）関数**の出番です。

ＰＨＯＮＥＴＩＣ関数は、**文字列がセルに入力されたときの「読み」情報を別のセルに表示**する関数です。たとえば、「まい」と入力して「麻衣」に変換したセルでは、変換前の「まい」がそのままフリガナとして表示されます。ＰＨＯＮＥＴＩＣ関数を使えば、膨大な数のフリガナを手入力する手間を省くことができるのです。

ＰＨＯＮＥＴＩＣ関数では、**フリガナを表示したい氏名などのセルを引数「参照」に指定**します。たとえば、下の図のＢ３セルにフリガナを表示するには、「参照」に最初の顧客名が入力されたＡ３セルを指定するので、「＝ＰＨＯＮＥＴＩＣ（Ａ３）」と入力します。入力の具体的な手順は１５２ページを参照してください。

なお、Ｂ３セルに入力したＰＨＯＮＥＴＩＣ関数の式を下のセルにコピーする際は、余分にコピーしておいてもかまいません。引数「参照」に当たる顧客名のセルが空欄の場合は、ＰＨＯＮＥＴＩＣ関数の結果も空欄になりますが、顧客名が入力された時点でフリガナは自動で表示されます。

▶ 顧客名にフリガナを自動で追加したい

	A	B	C	D	E
1	顧客名簿				
2	顧客名	フリガナ	電話番号	〒	都道府県
3	川本　裕子	カワモト　ユウコ	090-XXXX-XXXX	101-0003	東京都
4	森　雄二	モリ　ユウジ	090-XXXX-XXXX	174-0044	東京都
5	松村　良子	マツムラ　ヨシコ	080-XXXX-XXXX	116-0002	東京都
6	秋山　大輔	アキヤマ　ダイスケ	080-XXXX-XXXX	132-0024	東京都
7	森本　剛	モリモト　ツヨシ	090-XXXX-XXXX	101-0003	東京都

●フリガナを表示する

＝PHONETIC（参照）

顧客名のフリガナをB列に取り出すには、PHONETIC関数を使おう。引数「参照」に顧客名が入力されたセルを指定すると、その読み情報がフリガナとして表示される。

PHONETIC関数を入力する

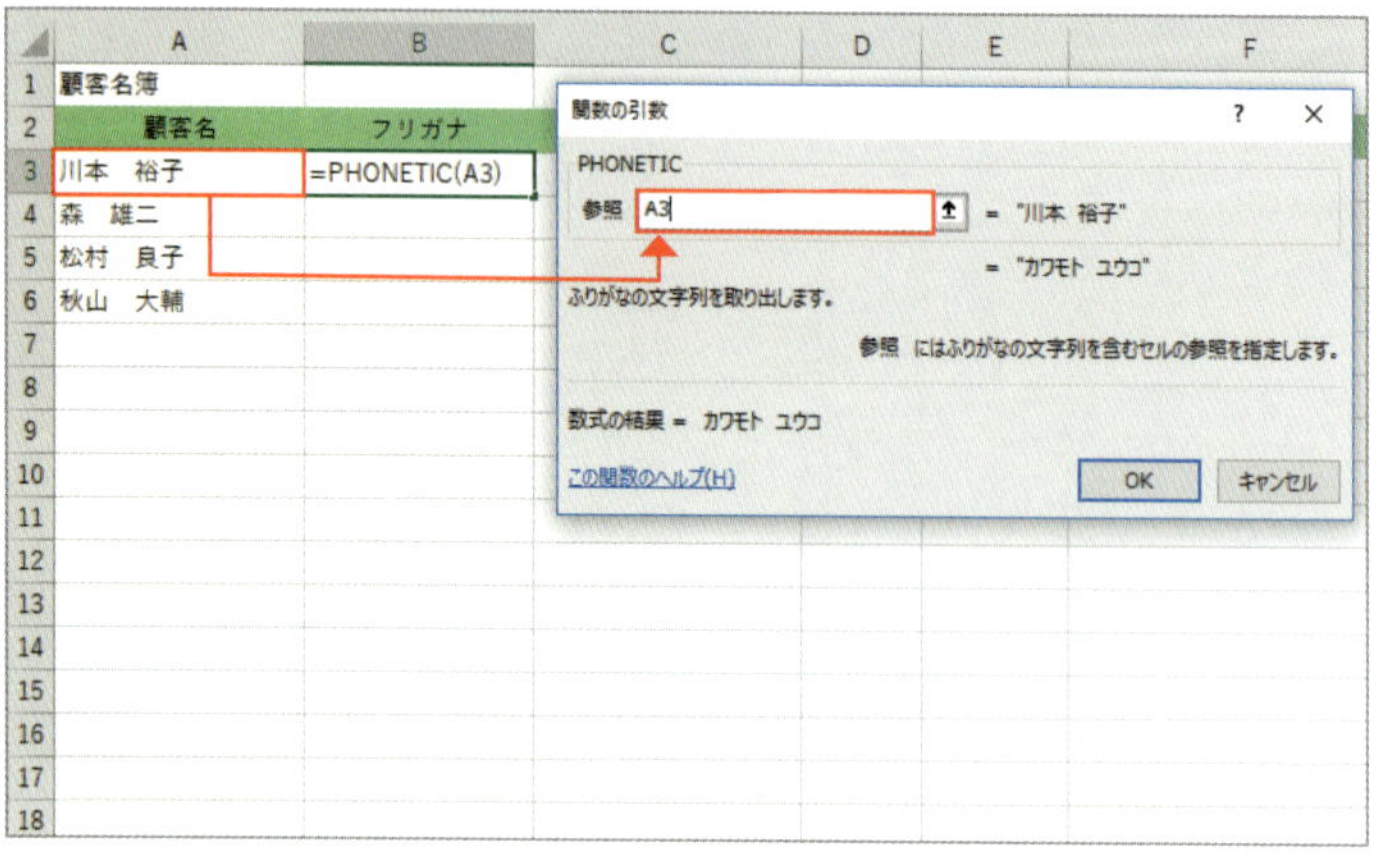

B3セルを選んで、37ページの手順でPHONETIC関数の「関数の引数」画面を開いたら、「参照」欄をクリックし、A3セルを指定する。

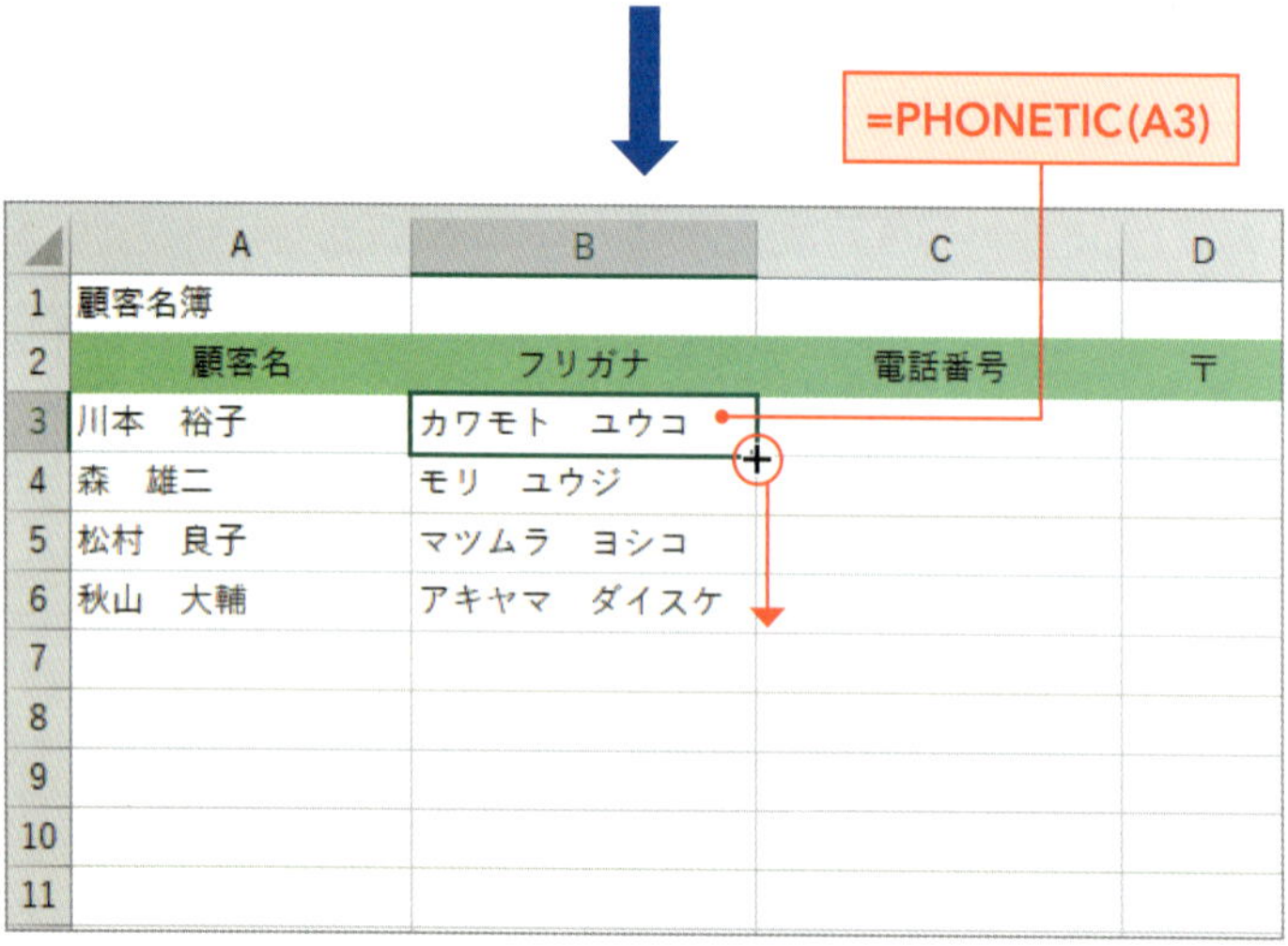

B3セルにPHONETIC関数の式が入力された。オートフィル操作で下のセルにもPHONETIC関数の式をコピーすれば、ほかの顧客のフリガナが表示される。

フリガナを訂正するには

ただし、今日子さんも言っていたように、自動表示されたフリガナは常に正しいわけではなく、間違えている場合もあります。

というのは、PHONETIC関数では、引数「参照」に指定したセルの文字列が漢字に変換されるときの「読み」をそのまま取り出すからです。そのため、A列に顧客名を入力する際、本来の読みではない別の読みを入力して漢字に変換した場合は、それがそのままB列に表示されてしまいます。**PHONETIC関数の入力後は、フリガナが正しいかどうかを必ず確認**しましょう。

たとえば、154ページのB5セルには、「松村　良子」という顧客のフリガナが「マツムラ　ヨシコ」と表示されていますが、「マツムラ　リョウコ」という読みが正しい場合などがそうです。この場合は、同ページの手順で「ヨシコ」を「リョウコ」に訂正しましょう。

ここで注意したいのが、**フリガナを変更するには、元の顧客名のセルを選ぶ**ことです。普通なら、フリガナを訂正するのだから「マツムラ　ヨシコ」と表示されたB5セルを選びがちですが、B5セルに表示されているのはPHONETIC関数が返した結果です。関数の結果、表示された内容を変更するので、関数の引数に指定したA5セルの方を選択します。

フリガナの間違いを訂正するには

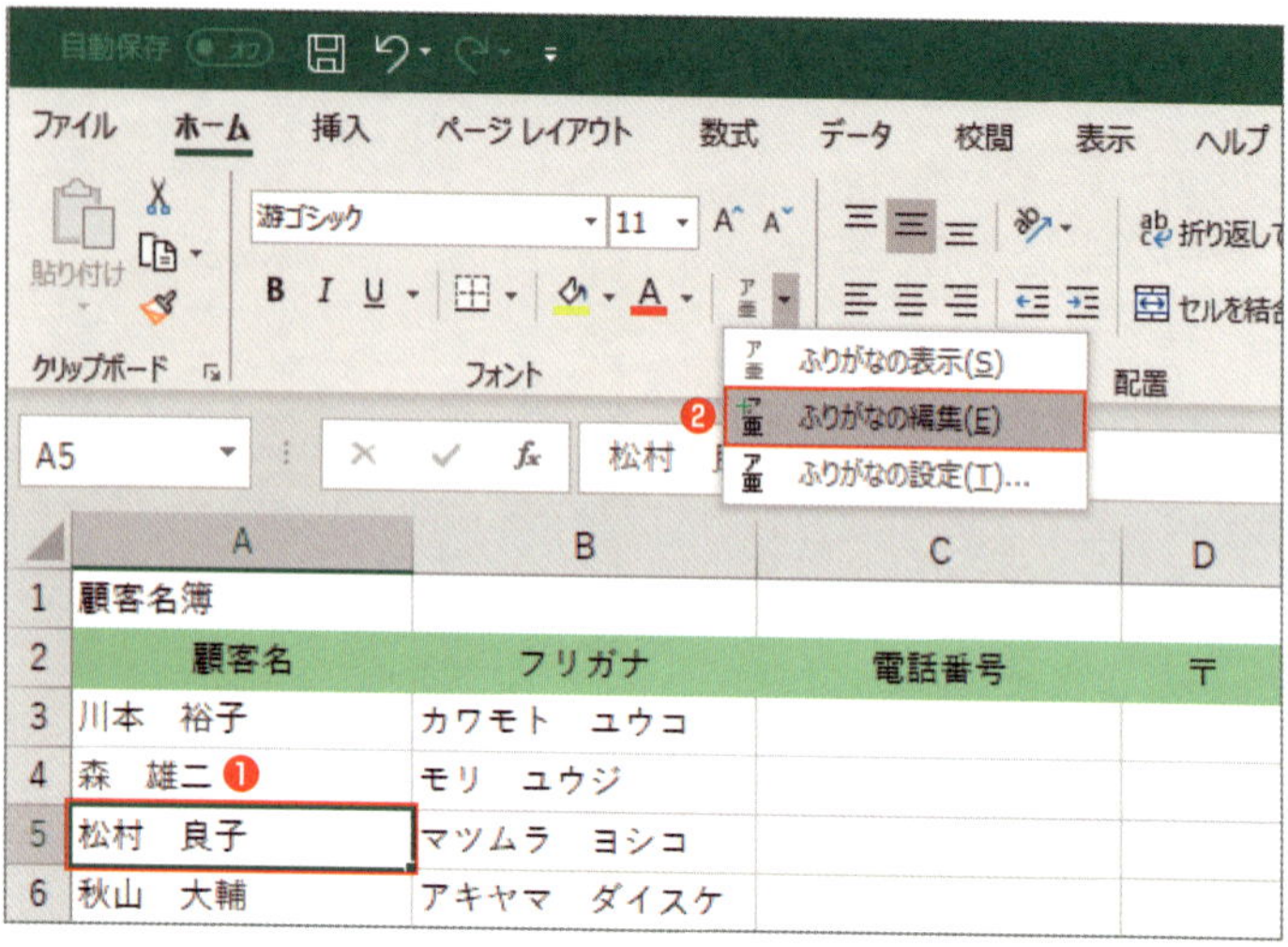

B5セルの「ヨシコ」を「リョウコ」に訂正するには、❶元の顧客名が入力されたA5セルを選び、「ホーム」タブの「ふりがなの表示/非表示」の▼から❷「ふりがなの編集」をクリックする。

A5セル内にフリガナが表示されるので、「ヨシコ」を「リョウコ」に訂正する。

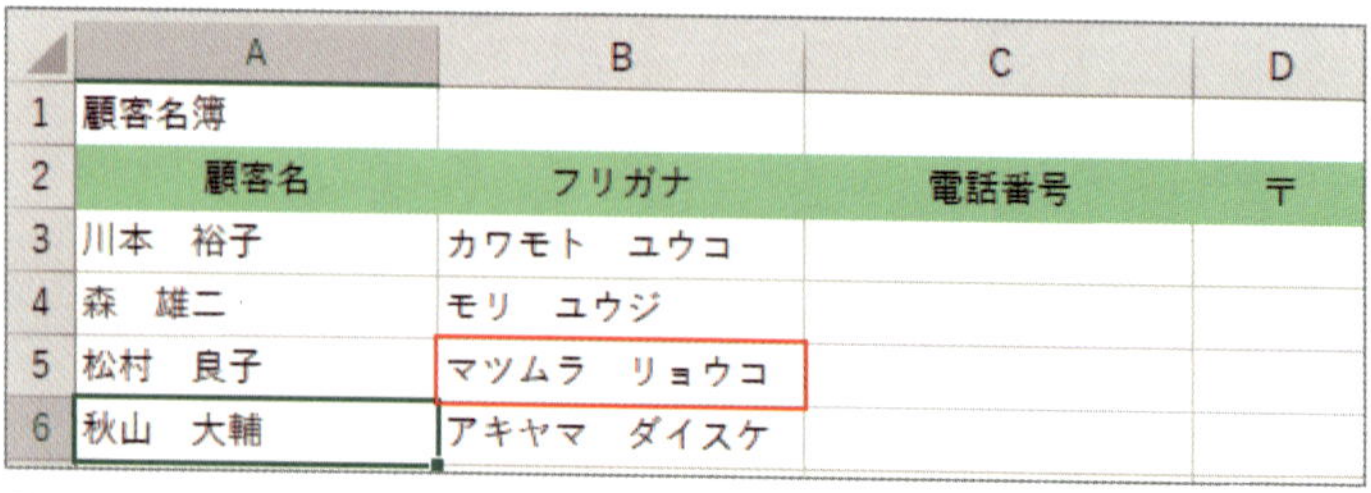

「Enter」キーを押すと、修正が完了し、フリガナが「リョウコ」に変更される。

次に、「ホーム」タブの「ふりがなの表示／非表示」右の▼から「**ふりがなの編集**」をクリックすると、A5セルの「松村　良子」の上にフリガナが小さく表示されるので、これを書き換えましょう。「ヨシコ」を「リョウコ」に修正できたら、「Enter」キーを押します。これで変更が完了し、同時に関数の結果も更新されて、B5セルには「マツムラ　リョウコ」と表示されます。

なお、PHONETIC関数の結果、表示されるフリガナはカタカナ表記になりますが、ひらがなで表示したい場合もあるでしょう。その場合は、次の手順でフリガナの設定を変えられます。顧客名が入力されたA列を選択しておき、「ホーム」タブの「ふりがなの表示／非表示」右の▼から「**ふりがなの設定**」をクリックします。「ふりがなの設定」画面が開いたら、「ふりがな」タブの「種類」で「ひらがな」を選んで「OK」をクリックすると、B列に表示されたフリガナがひらがなに変更されます。

まとめ

①セルに入力した文字列のフリガナを自動で表示するにはPHONETIC関数を使う。
②PHONETIC関数で表示されたフリガナを訂正するには、引数に指定したセルを選び、「ホーム」タブから「ふりがなの編集」をクリックして修正する。

二つに分かれた住所欄を一つのセルに表示したい ～CONCATENATE関数～

複数セルの文字列をつなげて表示する

引き続き名簿管理の時短につながる関数を見ていきましょう。今度は、**複数のセルに分けて入力された内容を一つのセルに表示するCONCATENATE（コンカティネイト）関数**を紹介します。

157ページの図のように、三つのセルにそれぞれ「A」、「B」、「C」という文字が入力されているとしましょう。これら三つのセルの中身をつなげて「ABC」と表示するには、CONCATENATE関数を使います。

引数「文字列」には、連結させたい文字データが入力されたセルを、表示したい順に指定します。なお、セルだけでなく、文字列を直接指定することもできます。その場合は、半角のダブルクォーテーション「"」で文字列を囲んで引数欄に入力しましょう。158ページ上の画面では、A列に都道府県が入力され、B列に残りの住所が入力されています。

名簿の住所欄がこのように複数のセルに分割されている場合は、それらのセルの内容を合体して表示させた住所欄も別に用意しておくと印刷などに役立ちますね。さっそくCONCATENATE関数を使って、C列に合体した住所欄を作ってみましょう。

詳しい手順は158ページの通りです。CONCATENATE関数の「関数の引数」画面を開いたら、都道府県が入力されたセルと続きの住所が入力されたセルを順に引数欄に指定するのがポイントです。

なお、引数**「文字列」には255個までのセルを指定できる**ので、連結させるセルは、255個まで増やすことができます。現実にはそんなに大量のセルをつなげる機会はなさそうですが、たとえば住所が「都道府県」+「市区町村」+「番地」のように三つ以上に分割されている場合も、同じ手順で一つのセルに連結できます。

さらに、159ページの名簿では、氏名が分割されて

複数セルのデータをつなげて一つのセルに表示する

A	+	B	+	C	→	ABC

●複数セルの文字列を連結する

=CONCATENATE(文字列1, 文字列2…)

別々のセルに入力された文字列を連結して一つのセルに表示するには、CONCATENATE関数を使う。引数「文字列」には連結させたいデータのセルを順に指定する。文字列を直接入力してもよい。

CONCATENATE関数で「都道府県」と「住所」を連結する

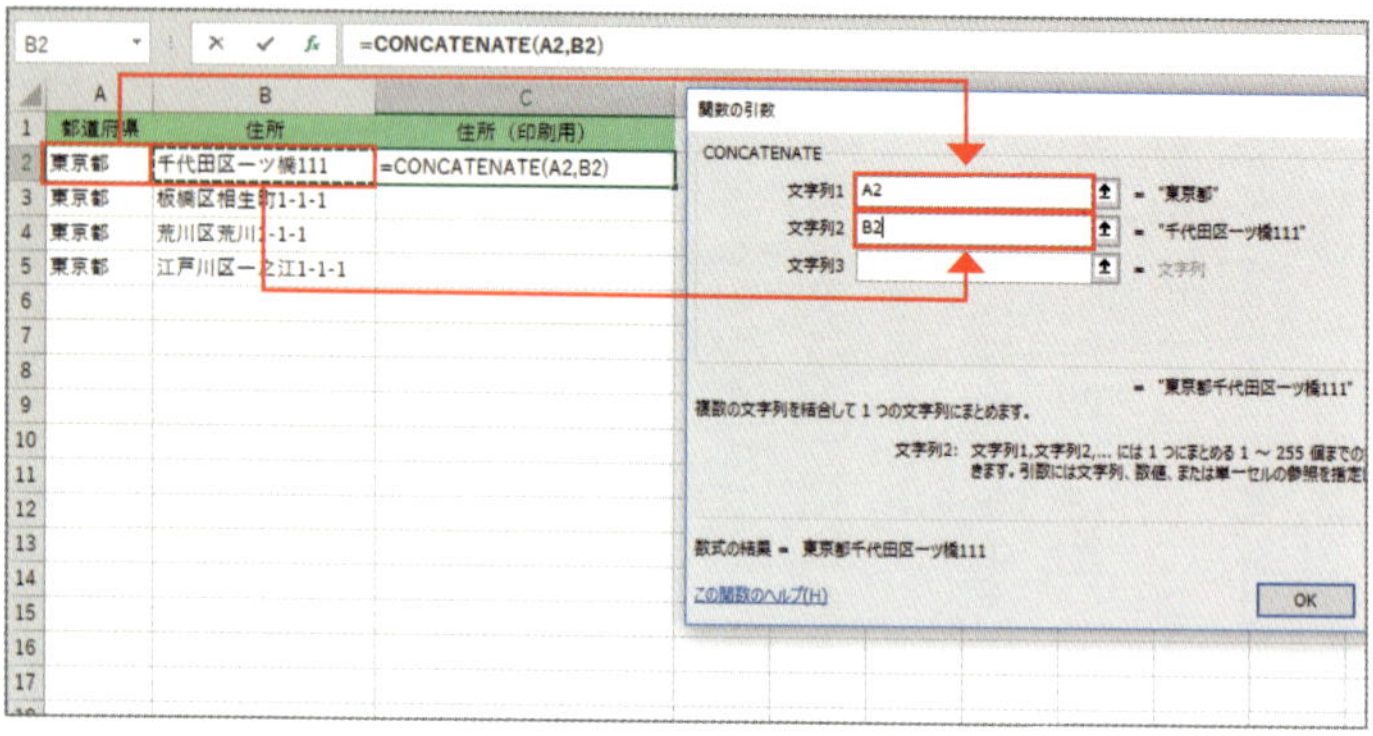

C2セルを選んで、37ページの手順でCONCATENATE関数の「関数の引数」画面を開いたら、「文字列1」欄にA2セルを、「文字列2」欄にB2セルを指定して「OK」をクリックする。

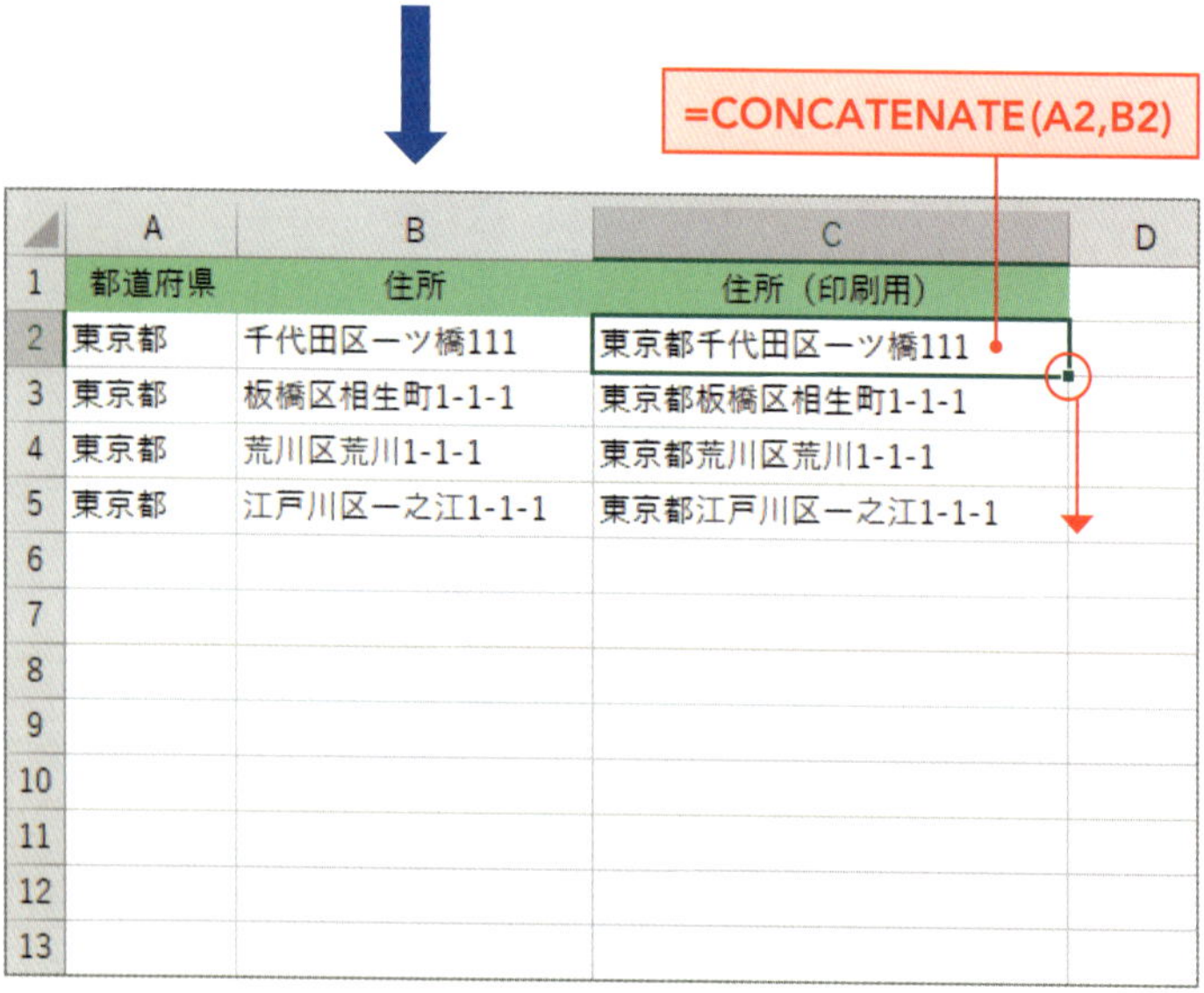

C2セルにCONCATENATE関数の式が入力された。オートフィル操作で下のセルに式をコピーすれば、ほかのデータでも「都道府県」と「住所」が結合された結果が表示される。

「姓」と「名」の間にスペースを入れて連結する

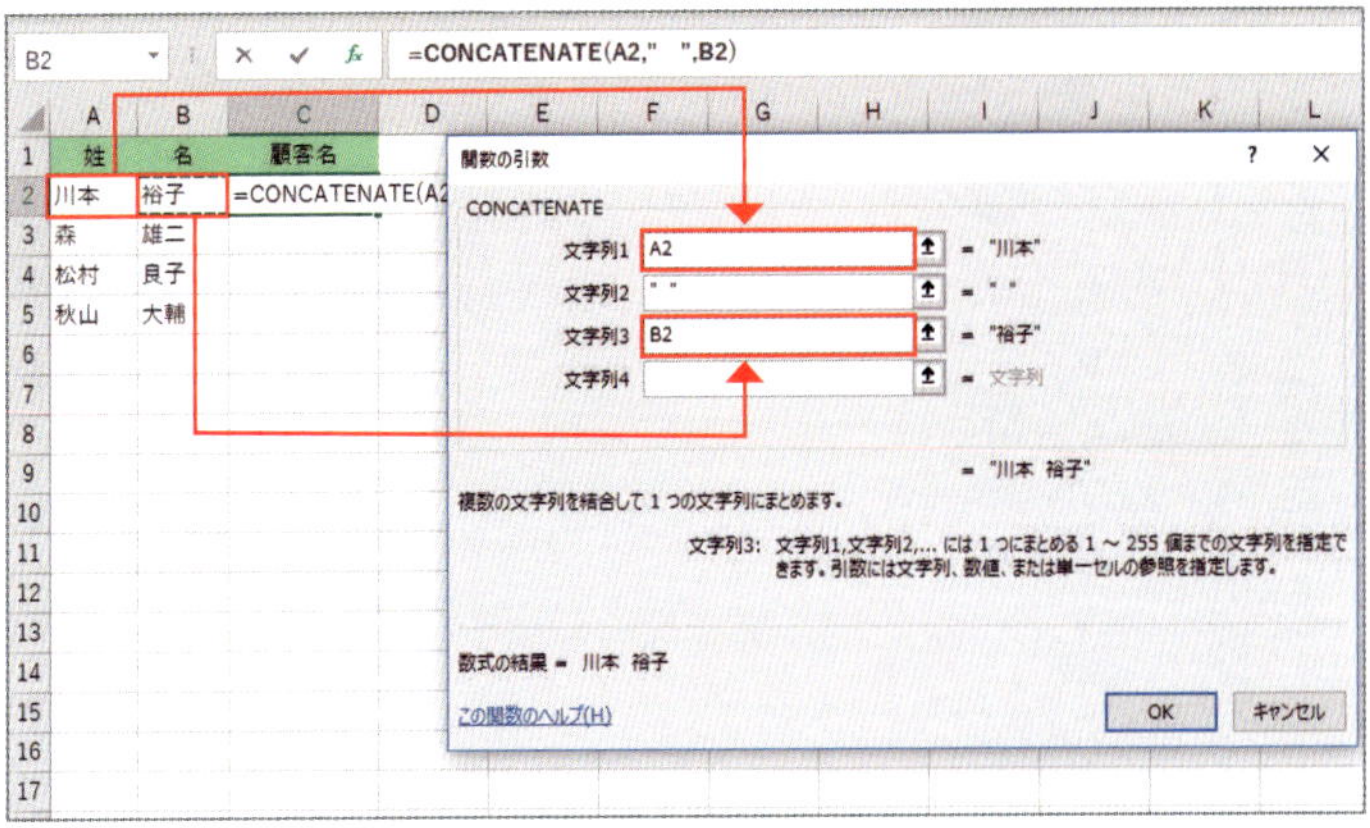

C2セルを選んで、37ページの手順でCONCATENATE関数の「関数の引数」画面を開いたら、「文字列1」欄にA2セルを、「文字列2」欄に「"　"」（全角スペースを半角「"」で囲む）と入力し、「文字列3」欄にB2セルを指定する。

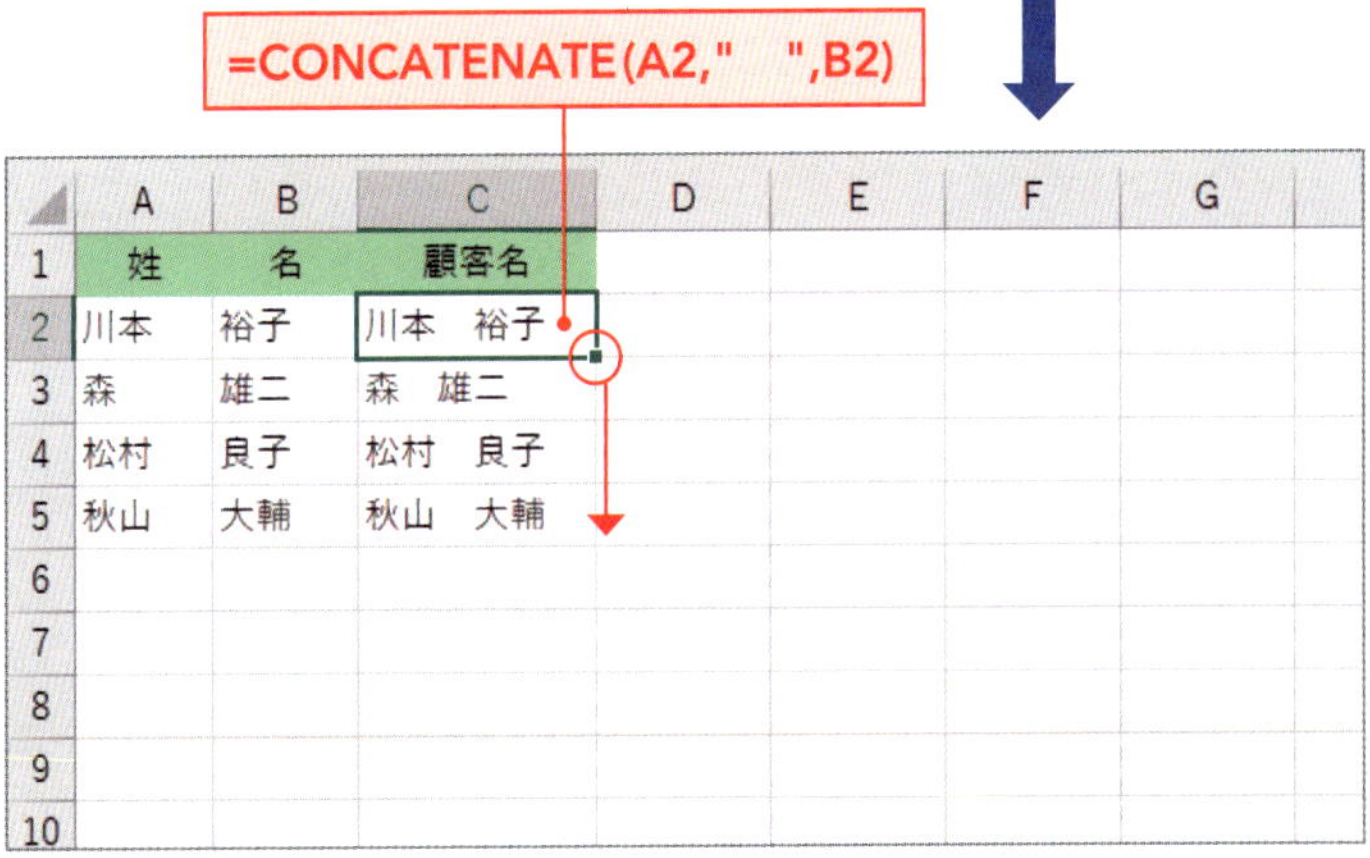

「OK」をクリックすると、C2セルにCONCATENATE関数の式が入力される。オートフィル操作で下のセルに式をコピーすれば、スペースを挟んで結合された「姓」と「名」が順番に表示される。

「姓」がA列に、「名」がB列に入力されていますね。こちらも住所の例と同じようにCONCATENATE関数を使ってC列に連結した氏名を表示してみましょう。ただし、姓と名の間を全角のスペースで区切るようにします。

このように、セル番地ではなく**特定の文字を連結したい場合は、その文字を半角のダブルクォーテーション「"」で囲んで引数欄に直接入力**しましょう。この例では、スペースを入れるので「"　"」のように指定すればいいわけですね。

まとめ

①複数のセルに入力した文字列を一つのセルにつなげて表示するにはCONCATENATE関数を使う。

②CONCATENATE関数では、データが入力されたセル番地を指定する。また、特定の文字を直接指定することもできる。

先頭や末尾から○文字抜き出す～LEFT関数、MID関数、RIGHT関数～

住所欄を「都道府県」と「続きの住所」に分割したい

「結合」の反対は「分割」ですね。今度は、一つのセルの内容を複数セルに分けるときに役立つ三つの関数をマスターしましょう。それが、162ページで紹介する**LEFT（レフト）関数**、**MID（ミッド）関数**、**RIGHT（ライト）関数**です。

セルに入力された文字列のうち、左端の○文字を別のセルに表示するにはLEFT関数を、同じように右端から数えて○文字分を表示するにはRIGHT関数を使います。英語でLEFTは「左」、RIGHTは「右」を表すので区別しやすいですね。

なお、文字列の途中の部分を抜き出して別のセルに表示したいときはMID関数を使います。MIDは英語の「middle」、つまり「真ん中」という言葉から来ています。

これら三つの関数の引数は共通なのでまとめて覚えてしまいましょう。「**文字列**」には対象となる文字列が入力されたセルを、「**文字数**」には取り出したい文字数をそれぞれ指定します。さ

LEFT、MID、RIGHT関数で文字の一部を表示する

（例）セルA1に入力された文字列から下の部分を表示するには

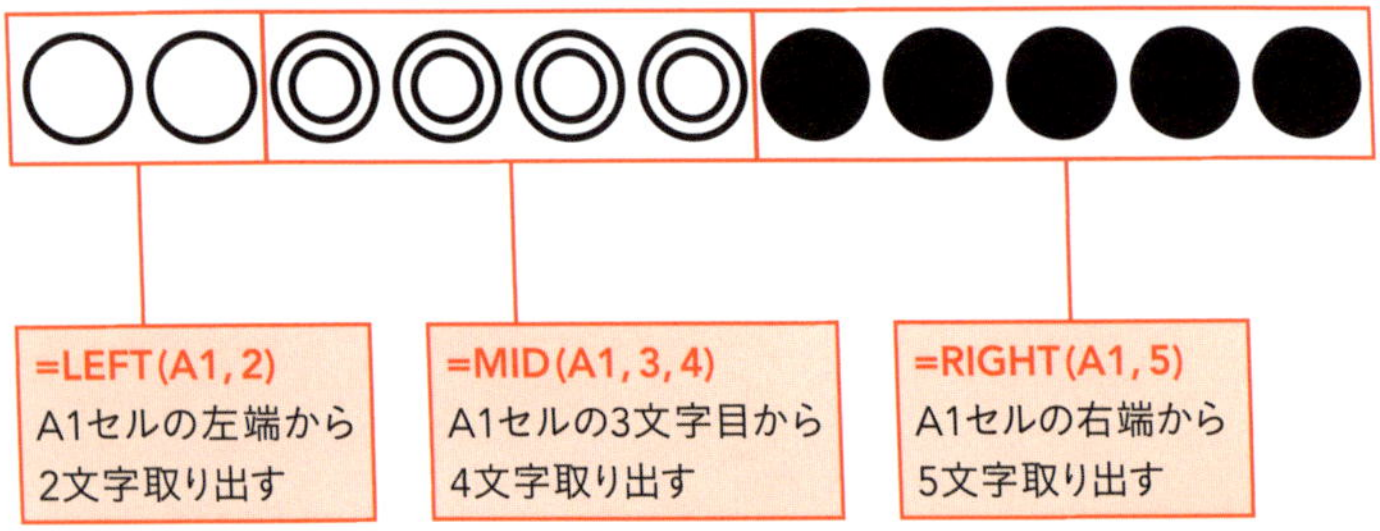
=LEFT(A1, 2)
A1セルの左端から
2文字取り出す
=MID(A1, 3, 4)
A1セルの3文字目から
4文字取り出す
=RIGHT(A1, 5)
A1セルの右端から
5文字取り出す

●左端から○文字取り出す

＝LEFT（文字列, 文字数）

●途中の○文字目から○文字取り出す

＝MID（文字列，開始位置，文字数）

●右端から○文字取り出す

＝RIGHT（文字列，文字数）

三つの関数の引数は共通だ。「文字列」には、処理の対象となるセルを指定し、「文字数」には、「文字列」のデータから取り出したい文字の数を指定する。MID関数の引数「開始位置」は、「文字列」の何文字目から文字を取り出すのかを指定する。

らに、途中から文字を取り出すMID関数では、取り出す位置を決める「**開始位置**」を指定します。

では実践です。下の図のA列に入力された住所を分割して、B列に「都道府県」を、C列には「残りの住所」を表示してみましょう。

ここでは、顧客はすべて東京都の人なので、都道府県の文字数は、一律で3文字です。そこでB2セルには「**=LEFT(A2,3)**」とLEFT関数の式を入力します。これでA2セルの住所の左から3文字が取り出され、「東京都」と表示されます。

さらにC2セルに「**=MID(A2,4,30)**」とMID関数の式を

「東京都」と「残りの住所」に分割する

=LEFT(A2,3)　=MID(A2,4,30)

	A	B	C
1	住所	都道府県	残りの住所
2	東京都千代田区一ツ橋111	東京都	千代田区一ツ橋111
3	東京都板橋区相生町1-1-1	東京都	板橋区相生町1-1-1
4	東京都荒川区荒川1-1-1	東京都	荒川区荒川1-1-1
5	東京都江戸川区一之江1-1-1	東京都	江戸川区一之江1-1-1
6			
7			
8			
9			
10			
11			
12			
13			

A列の「住所」をB列の「都道府県」とC列の「残りの住所」に分割したい。都道府県はすべて「東京都」で3文字の場合、図のようにLEFT関数とMID関数で分割できる。

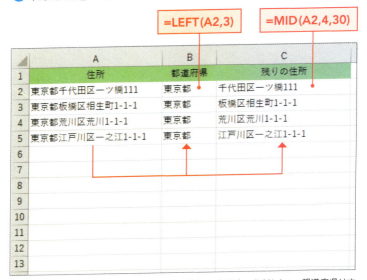

入力して残りの住所を求めましょう。これは「A2セルの住所の4文字目から30文字を取り出して表示する」という内容ですね。「開始位置」が「4」文字目なのは「東京都」の次の文字、つまり市区町村以降の残りの住所が始まる位置を表しています。

さらに**「文字数」が「30」文字なのは、残りの住所が長い場合でも欠けることなく取り出せるよう多めに設定している**ためです。

ところで、C列に「残りの住所」を表示するにはRIGHT関数を使うのではないかと思った人はいませんか？

RIGHT関数は右端から指定し

「残りの住所」はなぜRIGHTではなくMIDを使う？

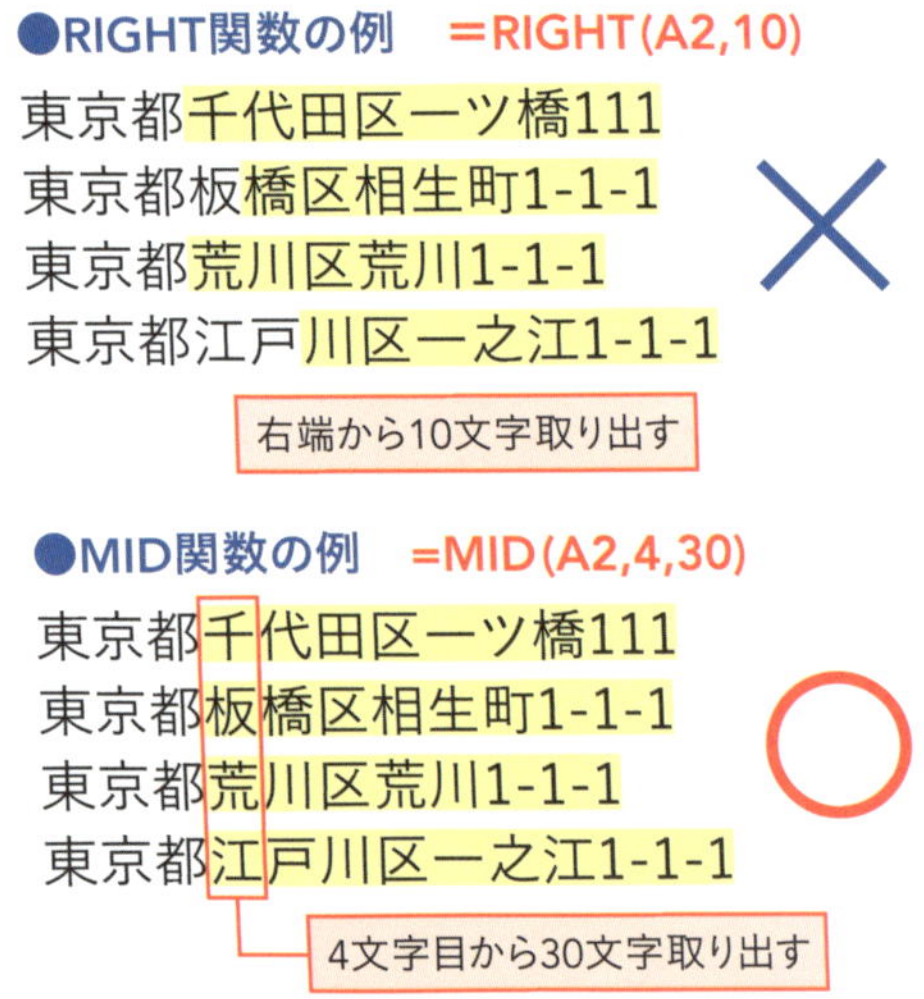

「残りの住所」は文字数がバラバラなので、右端から一定の文字数分を表示するRIGHT関数では正しく求められないデータが出てしまう。そこでMID関数を使って「4文字目から○文字」と指定すれば、すべてのデータの住所欄が正しく表示される。

LEFT関数、MID関数を入力する

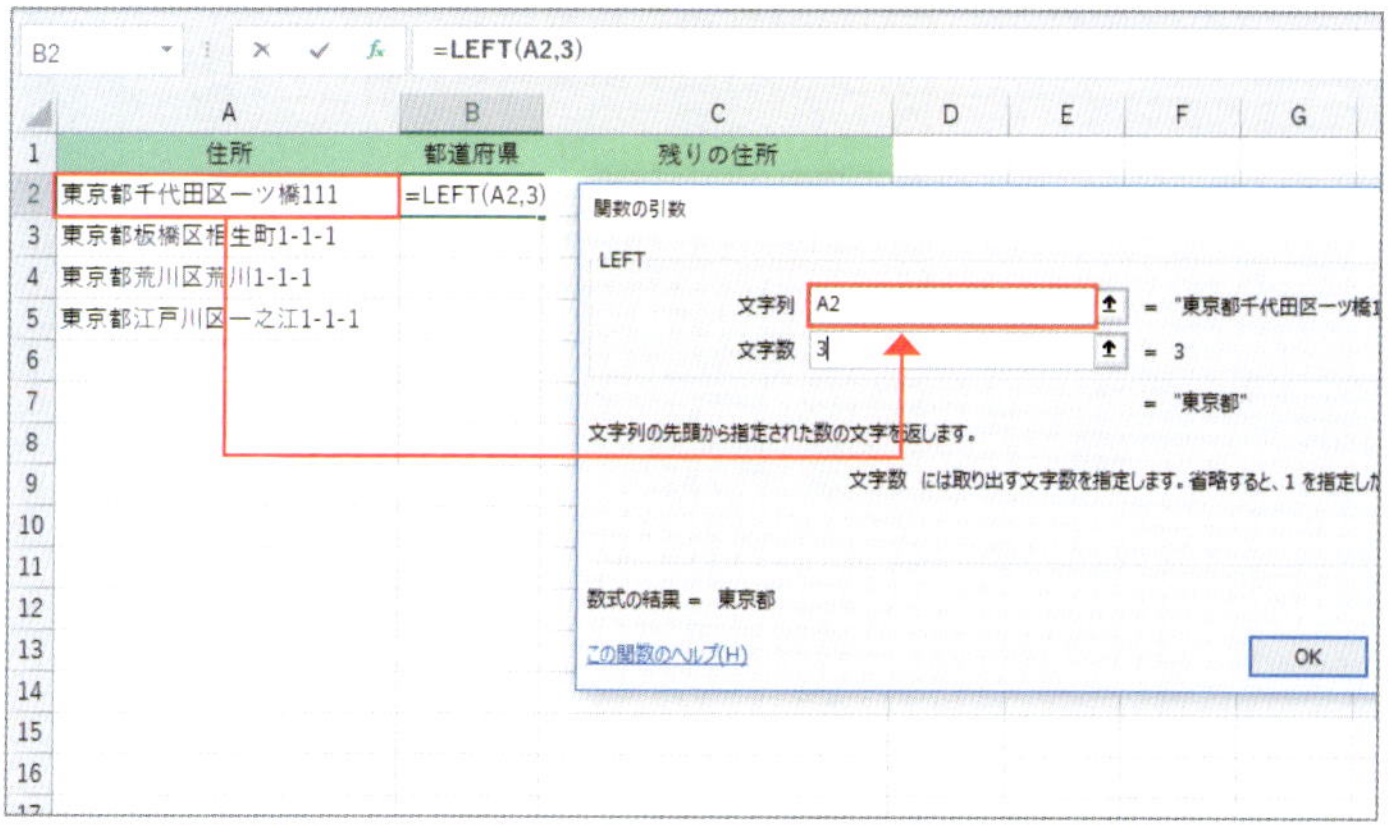

B2セルを選んで、37ページの手順でLEFT関数の「関数の引数」画面を開いたら、「文字列」欄にA2セルを指定し、「文字数」欄に「3」と入力して、「OK」をクリックする。

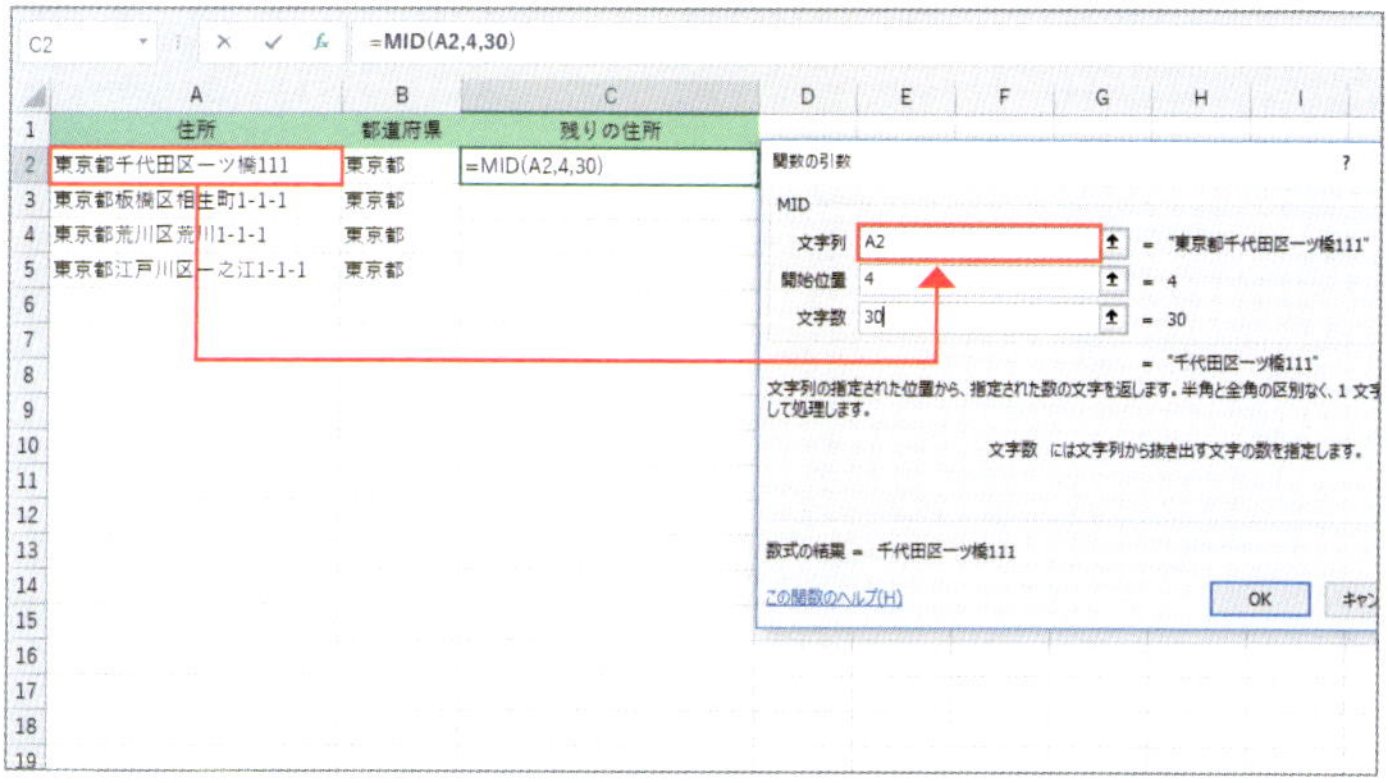

続けてC2セルを選んで、MID関数の「関数の引数」画面を開く。「文字列」欄にA2セルを指定し、「開始位置」には「4」、「文字数」欄には「30」と入力して、「OK」をクリックすると、163ページのように関数が入力される。

た文字数分だけ文字を取り出す関数です。ところが「残りの住所」の文字数は「都道府県」のように一定ではありませんね。仮にＲＩＧＨＴ関数を入力して右から10文字を表示すると、１６４ページの上の図のように、一部の例では住所の途中から中途半端に抜き出されてしまいます。そのため、同ページの下の図のように、残りの住所の開始位置を「４文字目から」と指定できるＭＩＤ関数を利用しているわけです。

なお、Ｂ列にＬＥＦＴ関数を入力する手順とＣ列にＭＩＤ関数を入力する手順は、１６５ページのようになります。

商品コードから末尾１文字を別セルに表示する

ＬＥＦＴ関数とは反対に、**文字列の右端から指定した文字数分の文字を抜き出して表示するのがＲＩＧＨＴ関数**です。では、ＲＩＧＨＴ関数はどんな例で使うのかを紹介しましょう。

１６７ページ上の図を見てください。Ａ列には「ＳＡ００１Ｌ」、「ＳＡ００１Ｍ」…と商品コードが入力されています。この商品コードは末尾の1文字が「Ｓ」、「Ｍ」、「Ｌ」とサイズを表しています。したがって、ＲＩＧＨＴ関数を使って商品コードの右端の1文字を抜き出せば、Ｃ列の「サイズ」欄に商品のサイズを自動で表示できますね。

そこで、同ページ下の図のように、Ｃ３セルにＲＩＧＨＴ関数の式を「=RIGHT(A3,1)」と

RIGHT関数で商品コードからサイズを求める

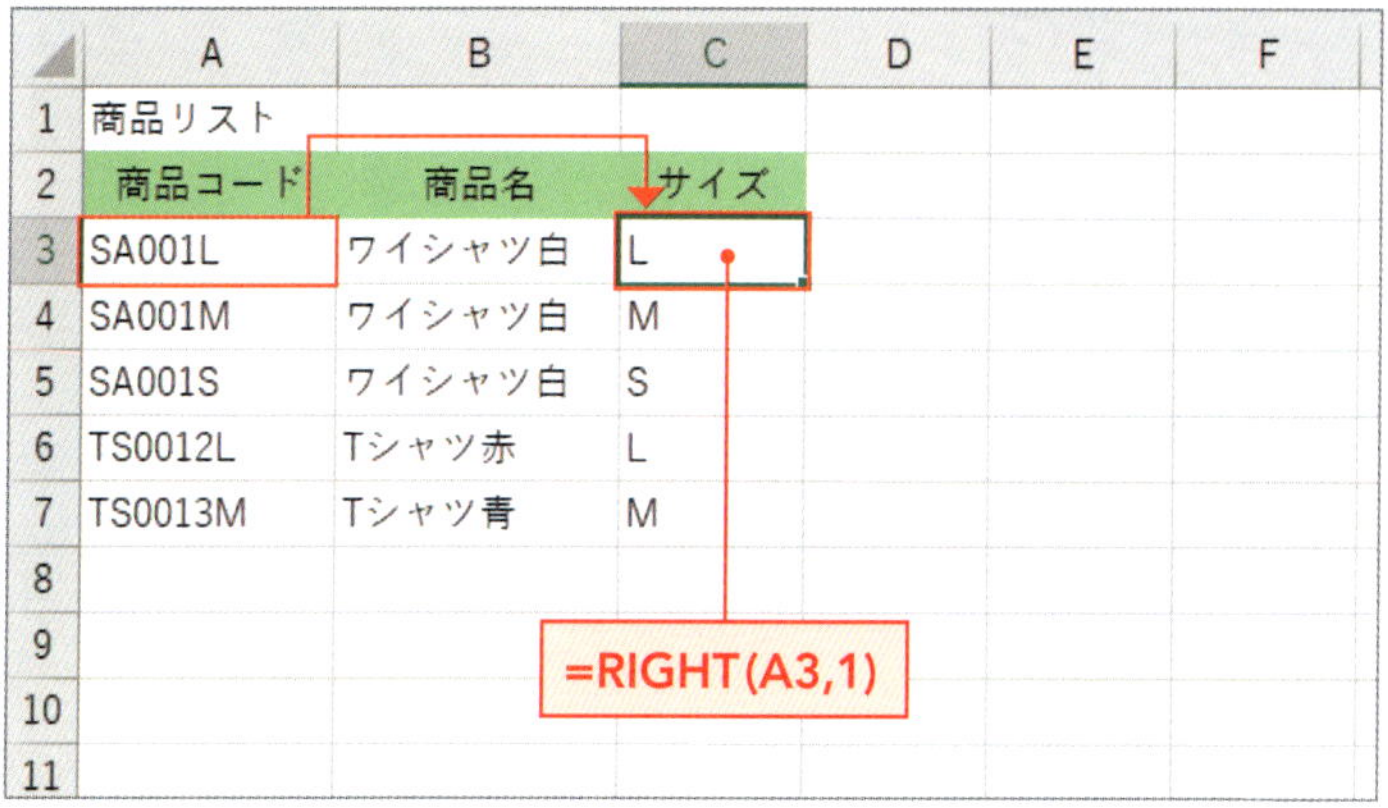

A列の商品コードの末尾1文字はサイズが登録されている。RIGHT関数を使えばこれを「サイズ」としてC列に表示できる。

RIGHT関数を入力する

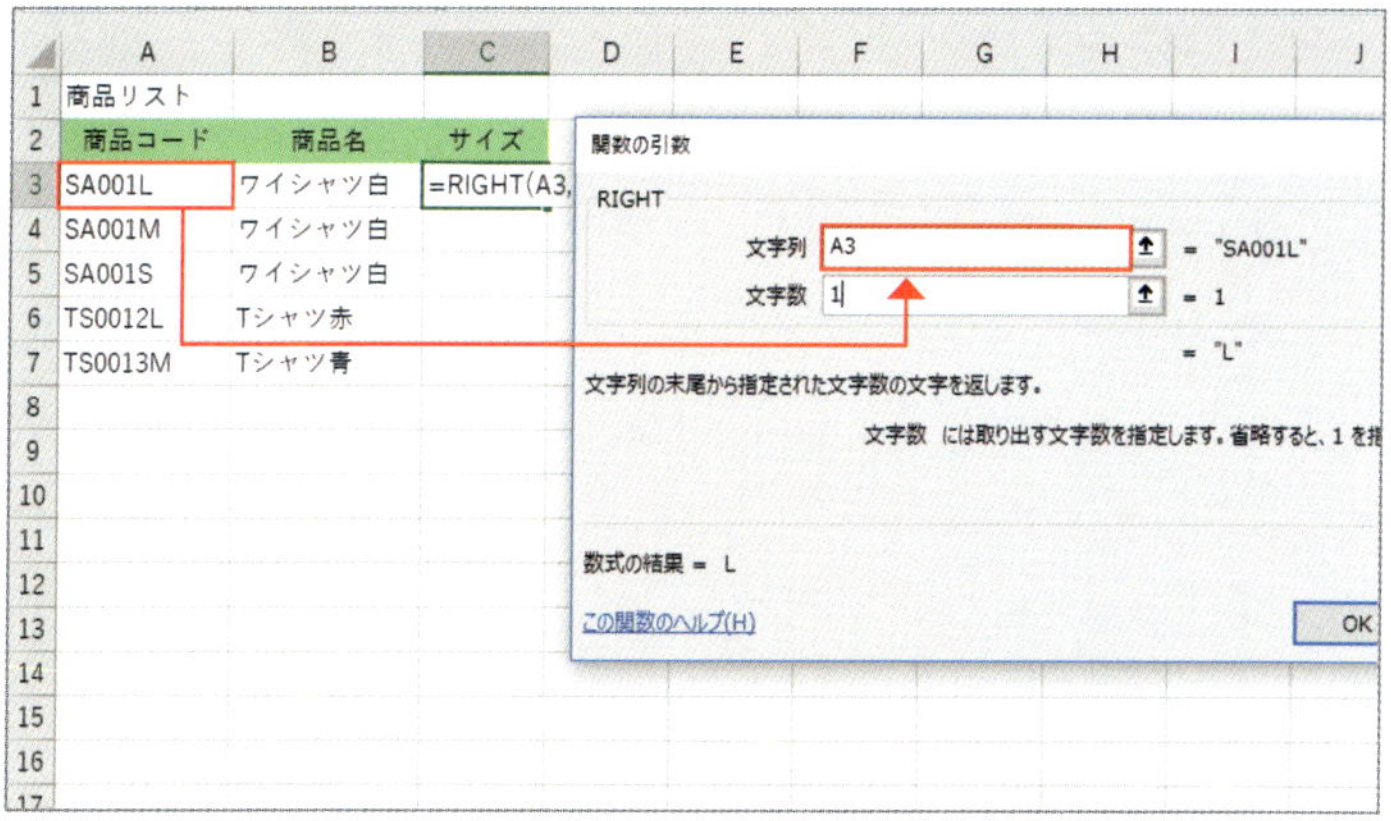

C3セルを選んで、37ページの手順でRIGHT関数の「関数の引数」画面を開いたら、「文字列」欄にA3セルを指定し、「文字数」欄に「1」と入力して、「OK」をクリックすると、上の図のようにサイズが表示される。

入力します。これで、C3セルにはA3セルに入力された商品コード「SA001L」の右から1文字、つまり「L」が表示されます。入力したRIGHT関数の式を下にコピーすれば、同様にほかの商品コードからもサイズが求められます。

このように**LEFT、MID、RIGHTの三つの関数を活用すれば、入力の手間が大きく省けます**。文字列を操作する関数もぜひ知っておきましょう。

まとめ

①セルに入力した文字列の左、右、途中の部分を別のセルに取り出すには、それぞれLEFT関数、RIGHT関数、MID関数を使う。

②これらの関数を使うと、文字列の一部を項目として別のセルに自動で表示させることができる。

第6章
条件に応じてセルの表示を変えてみる

RANK.EQ
ROUND
SUM
COUNT
BLANK
UP
提出期限が迫るなか
様々な関数を学んできた麻衣は
営業報告フォーマットのアイデアを固め始めていた――
ぐりぐり
営業がこれに記入するだけで
店舗の売上データ
営業部
会社で 打ち込む
報告フォーマット
自動で転記
これ大事
部長に見せる
目標の未達とかまで一目でわかるようにはしたいなぁ
でもこれをするには……

条件A
条件B
条件比較が必要だよねぇ
売上がいくら以上なら目標達成！とか
売上金額 判定
7,530,224 達成♪
5,862,931 未達成
いくら以下なら注意表示するとか
目標達成率 ランク
90%以上 A
59～89% B
49%以下 C
…とか。
いろんな条件で自動的に振り分けたりできないかなぁ……
ん？
ズンズンズンズン
なんかうるさ…
この世にもしもはないけれど
Say!

もしもで分岐は
IF関数！
Come on!
ラ……
ラップ!!
1章で見た人だ…!!
麻衣の考えは
とってもいいと
思うわ
ほんと
ですか!?
複雑な命令に
なればなるほど
条件分岐は
必須よね
ですよね
条件①
条件②
条件③
処理
条件④
IF終わり
だから
このIF関数は
とても重要なの！
IF
はい！

IF関数
=IF(論理式,真の場合,偽の場合)
まずはIF関数の基本から
論理式に指定した条件を満たしてたら真の値を返して
満たしてなかったら偽の値を返す
これがIF関数
スゴ腕…!
ぱっ
ぱっ
偽
真
ピョ
ピョ
ピョ
ピョ
あとこの「返す」って言い方わかりづらいんですよね…
返事する
そうね
それは「エクセルが返事する」って考えるといいわね
例えば判断基準を目標650万とした場合
650万以上なら達成って表示にすればいいから
目標650万円以上
達成
ふむふむ

=IF(C3>=6500000,"達成","")
こう書けば いいわけ!
なるほど!
達成以外は何も 表記しない場合は "" を書けば いいのよ
これを入力して コピーすると こうなる
カチ カチ
おお! これは わかりやすい!
ぱっ
これが 分岐が一つの 場合ね
じゃあ次は この分岐を 増やしてくわよ
おお 楽しみ～♪

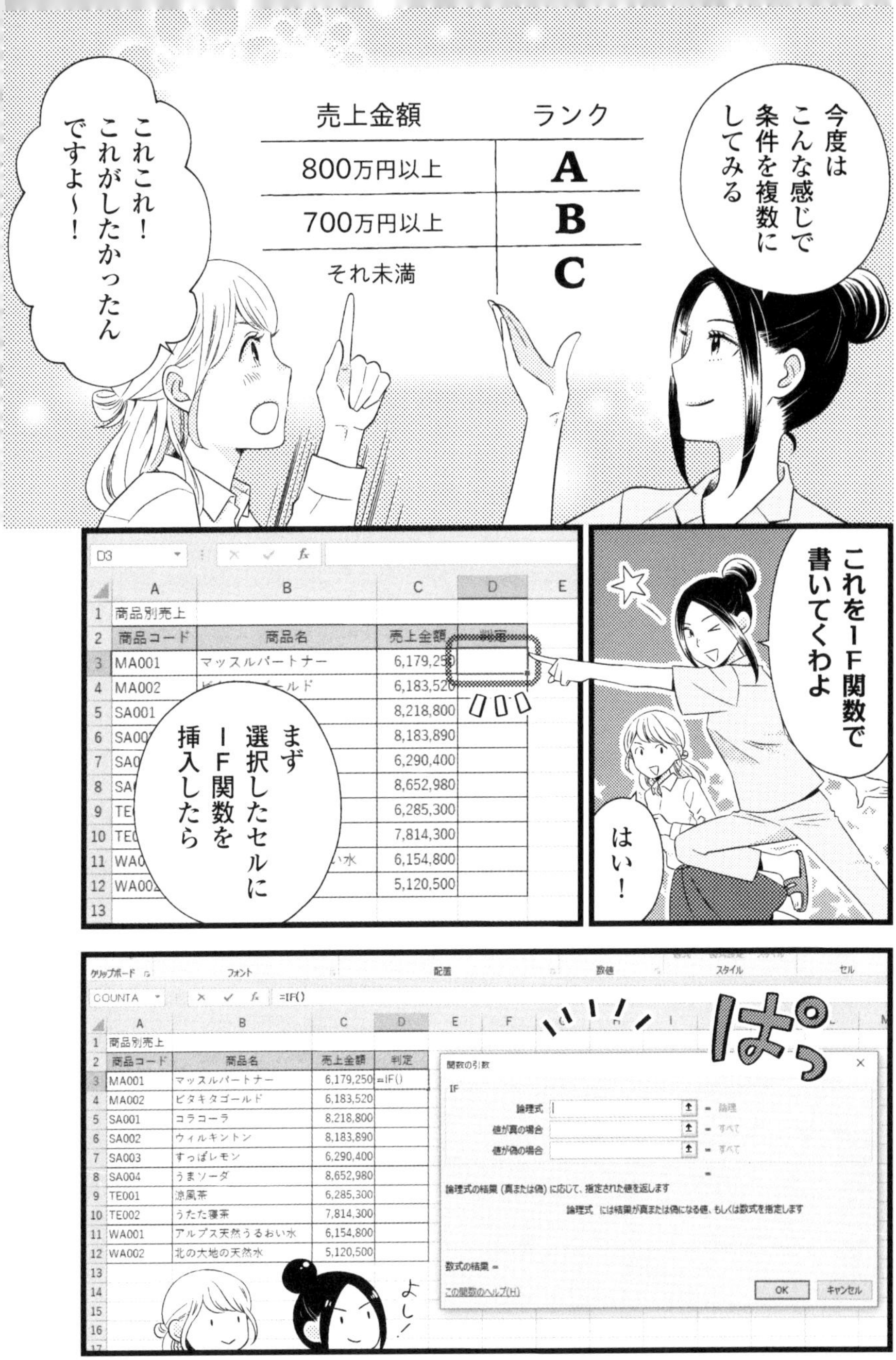
今度はこんな感じで条件を複数にしてみる
売上金額 ランク
800万円以上 A
700万円以上 B
それ未満 C
これこれ！これがしたかったんですよ～！
これをIF関数で書いてくわよ
はい！
D3
商品別売上
商品コード 商品名 売上金額 判定
MA001 マッスルパートナー 6,179,250
MA002 6,183,520
SA001 8,218,800
8,183,890
6,290,400
8,652,980
6,285,300
7,814,300
6,154,800
WA002 5,120,500
まず選択したセルにIF関数を挿入したら
ぱっ
クリップボード フォント 配置 数値 スタイル セル
COUNTA =IF()
商品別売上
商品コード 商品名 売上金額 判定
MA001 マッスルパートナー 6,179,250 =IF()
MA002 ビタキタゴールド 6,183,520
SA001 コラコーラ 8,218,800
SA002 ウィルキントン 8,183,890
SA003 すっぱレモン 6,290,400
SA004 うまソーダ 8,652,980
TE001 涼風茶 6,285,300
TE002 うたた寝茶 7,814,300
WA001 アルプス天然うるおい水 6,154,800
WA002 北の大地の天然水 5,120,500
関数の引数
IF
論理式 = 論理
値が真の場合 = すべて
値が偽の場合 = すべて
論理式の結果 (真または偽) に応じて、指定された値を返します
論理式 には結果が真または偽になる値、もしくは数式を指定します
数式の結果 =
この関数のヘルプ(H)
OK
キャンセル
よし！

さっきの条件を式に当てはめてくの
まずはAランクの条件から
関数の引数
IF
論理式
値が真の場合
値が偽の場合
= 論理
= すべて
= すべて
OK
キャンセル
もし セルC3の金額が 800万以上なら
“A”と表示したいから
論理式　C3>=8000000
値が真の場合　“A”
関数の引数
IF
論理式　C3>=8000000　= FALSE
値が真の場合　"A"　= "A"
値が偽の場合　= すべて
= FALSE
論理式の結果 (真または偽) に応じて、指定された値を返します
値が真の場合　には論理式の結果が真であった場合に返される値を指定します。
合、TRUE が返されます。最大 7 つまでの IF 関数をネストすることができます
数式の結果 = FALSE
キャンセル
ここからが重要なの！
よく見てて！
ここまではさっきと一緒ね
そうですね

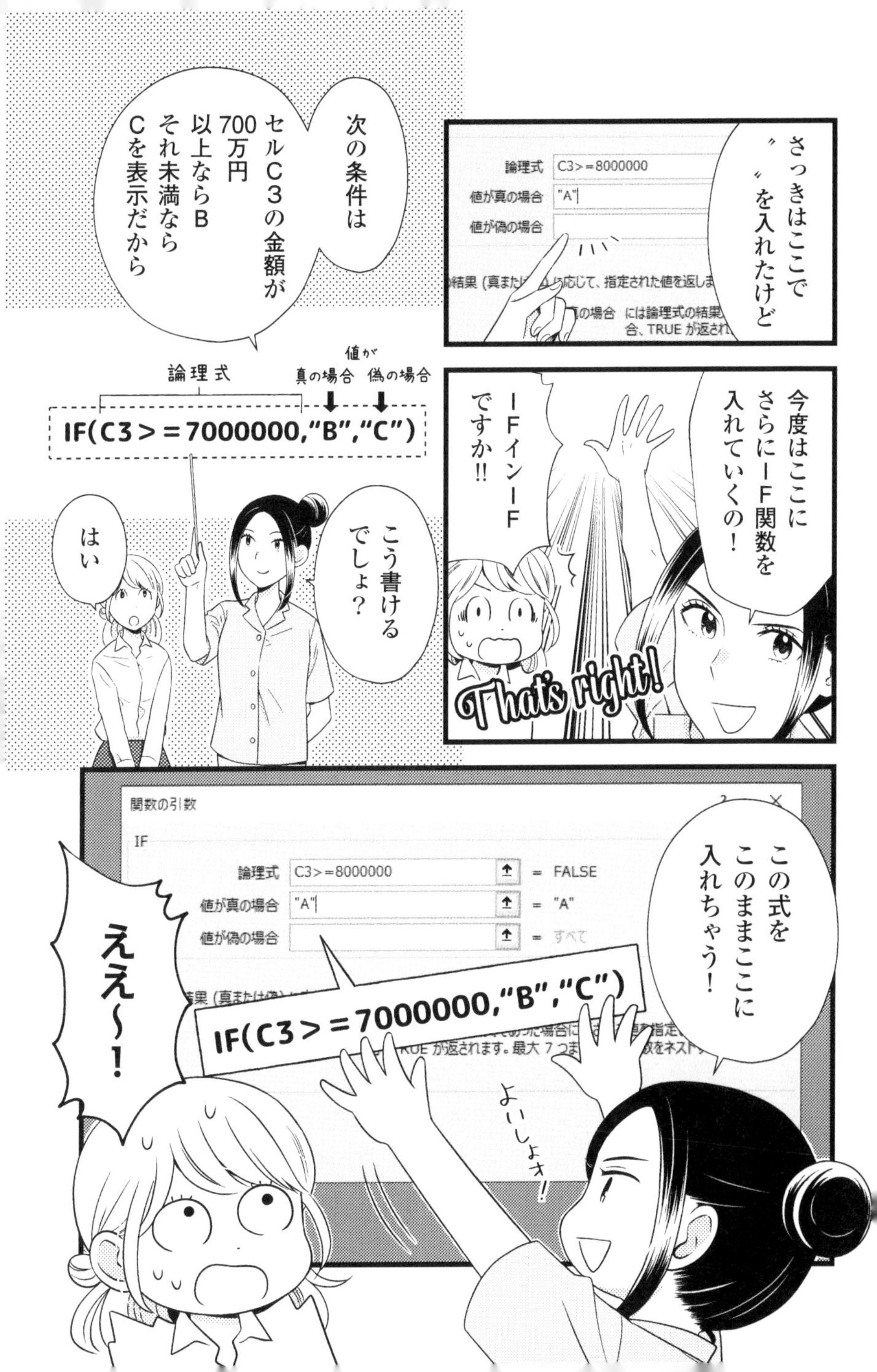
さっきはここで
“ ”を入れたけど
論理式 C3>=8000000
値が真の場合 "A"
値が偽の場合
次の条件は
セルC3の金額が
700万円
以上ならB
それ未満なら
Cを表示だから
論理式
値が
真の場合
偽の場合
IF(C3>=7000000,"B","C")
今度はここに
さらにIF関数を
入れていくの！
IFインIF
ですか!!
That's right!
こう書ける
でしょ？
はい
関数の引数
IF
論理式 C3>=8000000 = FALSE
値が真の場合 "A" = "A"
値が偽の場合 = すべて
この式を
このままここに
入れちゃう！
IF(C3>=7000000,"B","C")
ええ～！
よいしょオ！

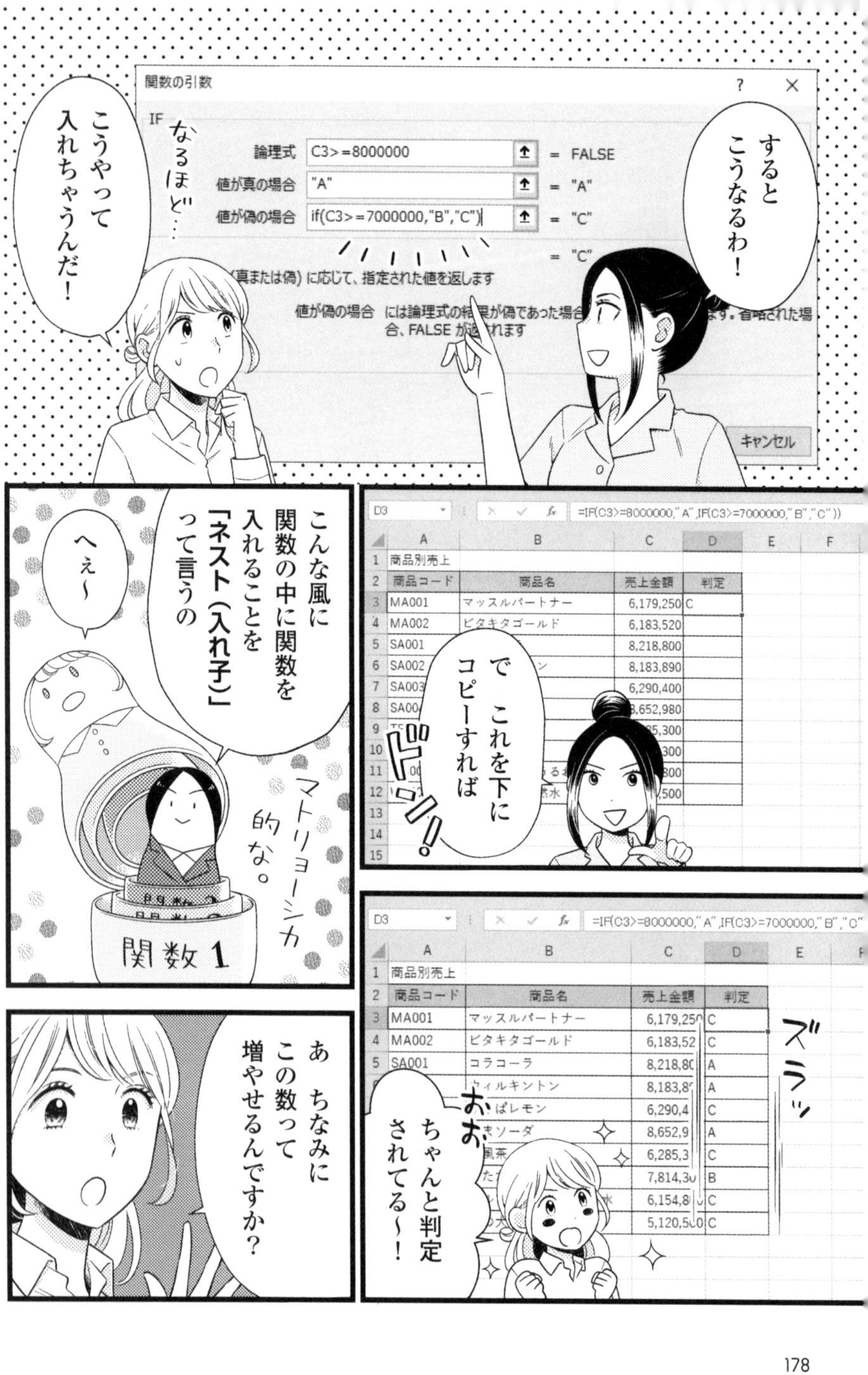

関数の引数
IF
論理式 C3>=8000000 = FALSE
値が真の場合 "A" = "A"
値が偽の場合 if(C3>=7000000,"B","C") = "C"
= "C"
(真または偽) に応じて、指定された値を返します
値が偽の場合 には論理式の結果が偽であった場合
合、FALSE が返されます
キャンセル
するとこうなるわ！
なるほど…
こうやって入れちゃうんだ！
D3
=IF(C3>=8000000,"A",IF(C3>=7000000,"B","C"))
商品別売上
商品コード 商品名 売上金額 判定
MA001 マッスルパートナー 6,179,250 C
MA002 ピタキタゴールド 6,183,520
SA001 8,218,800
SA002 8,183,890
6,290,400
で これを下にコピーすれば
ドンッ！
こんな風に関数の中に関数を入れることを「ネスト（入れ子）」って言うの
へぇ～
マトリョーシカ的な。
関数1
商品別売上
商品コード 商品名 売上金額 判定
MA001 マッスルパートナー C
MA002 ピタキタゴールド C
SA001 コラコーラ A
ウィルキントン A
ズラッ
おお
ちゃんと判定されてる～！
あ ちなみにこの数って増やせるんですか？

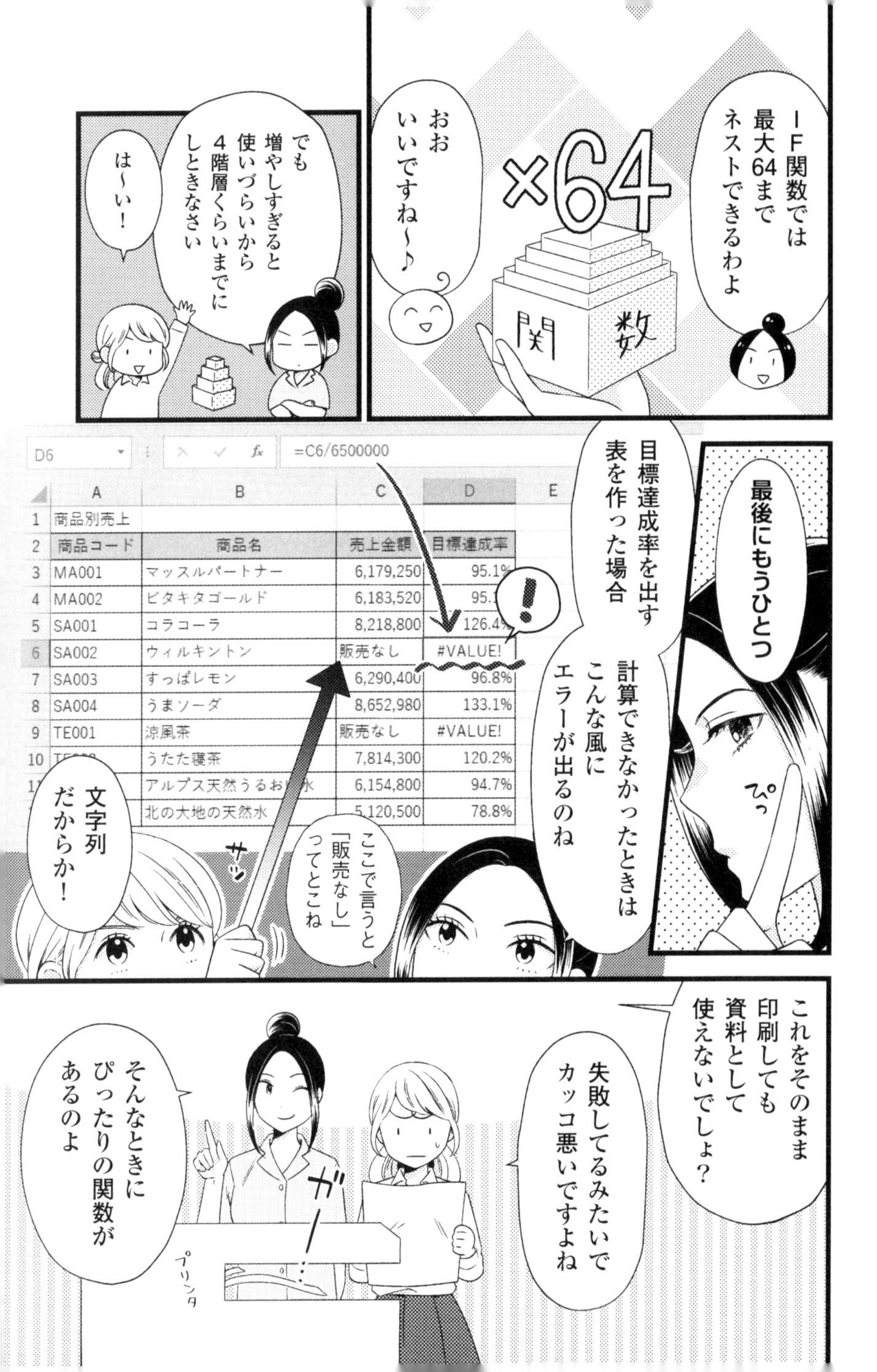

D6 =C6/6500000

	A	B	C	D	E
1	商品別売上				
2	商品コード	商品名	売上金額	目標達成率	
3	MA001	マッスルパートナー	6,179,250	95.1%	
4	MA002	ビタキタゴールド	6,183,520	95.1	
5	SA001	コラコーラ	8,218,800	126.4%	
6	SA002	ウィルキントン	販売なし	#VALUE!	
7	SA003	すっぱレモン	6,290,400	96.8%	
8	SA004	うまソーダ	8,652,980	133.1%	
9	TE001	涼風茶	販売なし	#VALUE!	
10	TE	うたた寝茶	7,814,300	120.2%	
11		アルプス天然うるお 水	6,154,800	94.7%	
		北の大地の天然水	5,120,500	78.8%	

それが簡単発見！
IFERROR《イフエラー》！
=IFERROR(値,"対象外")
エラーひよこ
イフにエラーがついた！
要は 値がエラーになったら「対象外」を表示せよって関数なの
なるほど
対象外
関数の引数
?
IFERROR
値
C3/6500000
= 0.950653846
エラーの場合の値
= すべて
値には目標達成率を入れるから
売上金額÷目標金額でC3／6500000を入れる
はい
まいメモ

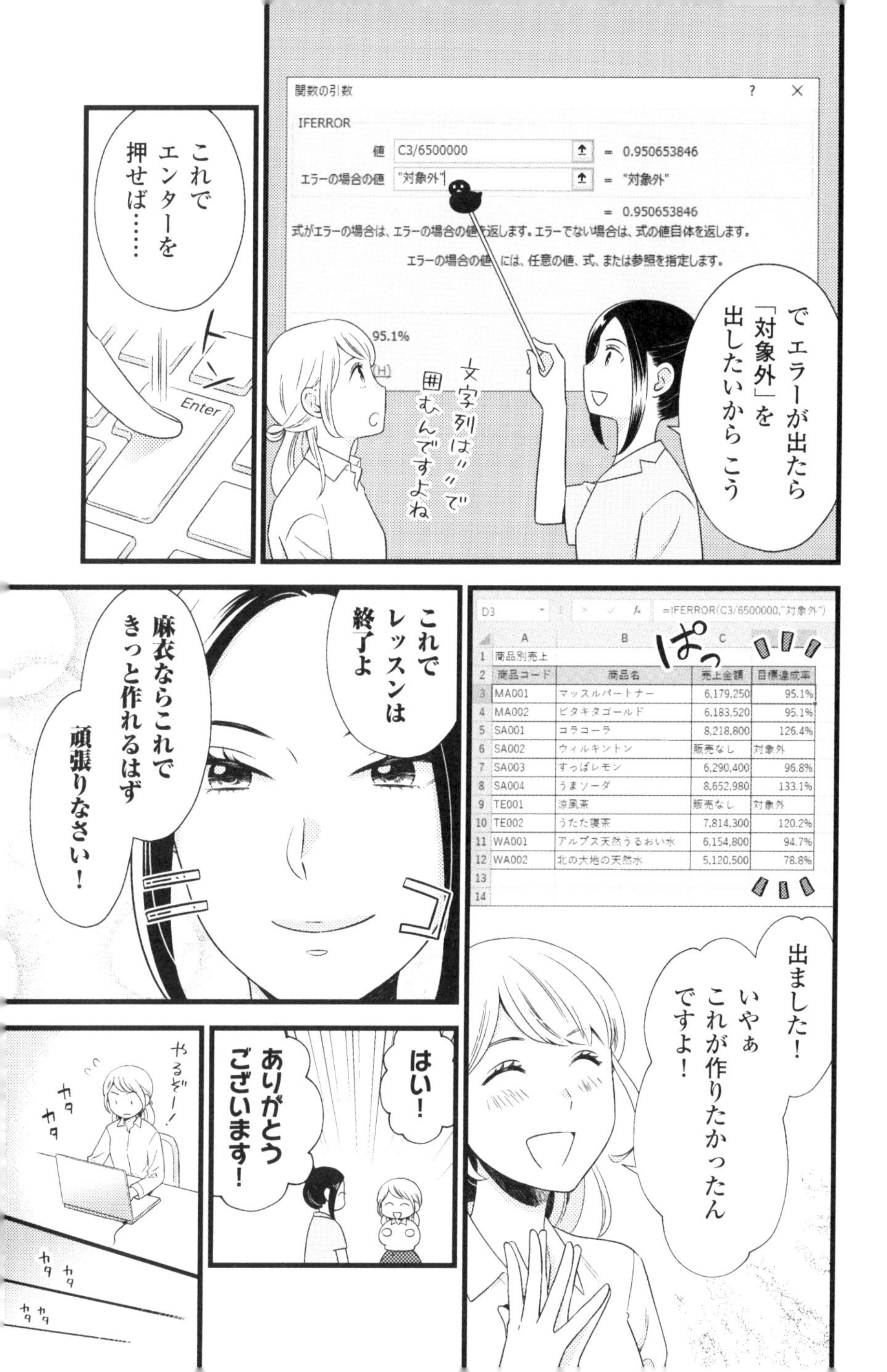
関数の引数
IFERROR
値 C3/6500000 = 0.950653846
エラーの場合の値 "対象外" = "対象外"
= 0.950653846
式がエラーの場合は、エラーの場合の値を返します。エラーでない場合は、式の値自体を返します。
エラーの場合の値 には、任意の値、式、または参照を指定します。
95.1%
でエラーが出たら「対象外」を出したいからこう
文字列は""で囲むんですよね
これでエンターを押せば……
Enter
D3 =IFERROR(C3/6500000,"対象外")
A B C
1 商品別売上
2 商品コード 商品名 売上金額 目標達成率
3 MA001 マッスルパートナー 6,179,250 95.1%
4 MA002 ピタキタゴールド 6,183,520 95.1%
5 SA001 コラコーラ 8,218,800 126.4%
6 SA002 ウィルキントン 販売なし 対象外
7 SA003 すっぱレモン 6,290,400 96.8%
8 SA004 うまソーダ 8,652,980 133.1%
9 TE001 涼風茶 販売なし 対象外
10 TE002 うたた寝茶 7,814,300 120.2%
11 WA001 アルプス天然うるおい水 6,154,800 94.7%
12 WA002 北の大地の天然水 5,120,500 78.8%
ぱっ
出ました！
いやぁこれが作りたかったんですよ！
これでレッスンは終了よ
麻衣ならこれできっと作れるはず
頑張りなさい！
はい！
ありがとうございます！
やるぞ－！
カタカタ
カタカタ
カタカタ

いよいよ報告フォーマットの提出日――
商品コードと販売数を記入するだけで
目標達成率まで自動でこちらに表示するよう改良しました
C12 TE002
A B C D E F G
1 NO 日付 商品コード 商品名 単価 数量 金額
2 1 2019/1/5 TE001 涼風茶 150 56 8,400
3 2 2019/1/5 WA002 北の大地の天然水 110 35 3,850
4 3 2019/1/5 TE002 うたた寝茶 140 23 3,220
5 4 2019/1/5 WA001 アルプス透明うるおい水 120 28 3,360
6 5 2019/1/5 SA002 ウィルキントン 130 37 4,810
7 6 2019/1/5 SA003 すっぱレモン 140 46 6,440
8 7 2019/1/5 SA005 シュワっと変身 140 31 4,340
9 8 2019/1/5 WA002 北の大地の天然水 110 40 4,400
10 9 2019/1/5 TE002 うたた寝茶 140 35 4,900
11 10 2019/1/6 SA001 コラコーラ 130 26 3,380
12 11 2019/1/7 TE002
13
①商品コードを入力する
これは「売上記録シート」です
G12 =IF(ISBLANK(F12),"",E12*F12)
A B C D E F G
1 NO 日付 商品コード 商品名 単価 数量 金額
2 1 2019/1/5 TE001 涼風茶 150 56 8,400
3 2 2019/1/5 WA002 北の大地の天然水 110 35 3,850
4 3 2019/1/5 TE002 うたた寝茶 140 23 3,220
5 4 2019/1/5 WA001 アルプス透明うるおい水 120 28 3,360
6 5 2019/1/5 SA002 ウィルキントン 130 37 4,810
7 6 2019/1/5 SA003 46 6,440
8 7 2019/1/5 SA005 31 4,340
9 8 2019/1/5 WA002 40 4,400
10 9 2019/1/5 TE002 35 4,900
11 10 2019/1/6 SA001 コラコーラ 130 26 3,380
12 11 2019/1/7 TE002 うたた寝茶 140 35 4,900
13
②商品名と単価が自動で出る
ぱっ
③数量を入力すると売上金額が出る
いかがでしょうか？
ごく…
L19
A B C D E F
1 商品別売上管理表
2 商品コード 商品名 単価 販売数合計 売上金額合計 目標達成率
3 MA001 マッスルパートナー 150
4 MA002 ビタキタゴー
5 MA003 竜巻レモネー
6 SA001 コラコーラ 1.13%
7 SA002 ウィルキント 1.92%
8 SA003 すっぱレモン 3.58%
9 SA004 うまソーダ
10 SA005 シュワっと変身 140 31 4,340 2.07%
11 TE001 涼風茶 150 56 8,400 1.87%
12 TE002 うたた寝茶 140 93 13,020 3.10%
13 WA001 アルプス透明うるおい水 120 28 3,360 0.84%
14 WA002 北の大地の天 75 8,250 3.17%
15
16
17
18
④別紙の「目標達成率シート」に商品ごとの目標達成率が自動で表示される
こんなカンジです…
江尻 これは……

いいよ！これは使いやすいよ
ほんとですか！
ああよく頑張ったな！
ほっ…
よかったぁ……
やっぱり江尻はエクセルマスターだったじゃないか
エクセルマ
エクセルのE
いやいや！マスターなんてとんでもないですから！
ブンブン
こそっ
いや～でもよくやったよ
やったわね麻衣
ぐっ

売上が目標以上なら「達成」と評価したい ～IF関数～

目標金額以上かどうかを判定する

麻衣さんの関数レッスンもいよいよ終盤ですね。売上の数字を入力するだけで、目標額をクリアしているかどうかを判定して評価を表示させたい、そんな麻衣さんの思いを実現してくれるのが**IF（イフ）関数**です。

「IF」とは英語で「もしも」つまり「条件」を意味します。したがって、IF関数を使うと「もしも～なら〇〇、そうでない場合は××」のように、**指定した条件を満たすかどうかでセルの表示や作業を切り替える**ことができるのです。

185ページの表では、C列に各商品の売上金額が入力されています。売上の目標額を一律650万円とした場合に、C列の売上金額がそれをクリアしたかどうかをIF関数で判定し、650万以上ならD列のセルに「達成」と表示しましょう。

IF関数の引数は、「**論理式**」、「**真の場合**」、「**偽の場合**」の三つです。「論理式」に条件の内容

金額が650万円以上なら「達成」と評価したい

	A	B	C	D	E
1	商品別売上				
2	商品コード	商品名	売上金額	判定	
3	MA001	マッスルパートナー	6,179,250		
4	MA002	ビタキタゴールド	6,183,520		
5	SA001	コラコーラ	8,218,800	達成	
6	SA002	ウィルキントン	8,183,890	達成	
7	SA003	すっぱレモン	6,290,400		
8	SA004	うまソーダ	8,652,980	達成	
9	TE001	涼風茶	6,285,300		
10	TE002	うたた寝茶	7,814,300	達成	
11	WA001	アルプス天然うるおい水	6,154,800		
12	WA002	北の大地の天然水	5,120,500		
13					

C列の売上金額が目標金額の650万円以上である場合は、D列に「達成」と表示したい。こんな時は、セルの内容を条件判定するIF関数を使おう。

●条件を満たすかどうかで異なる処理をする

＝IF（論理式，真の場合，偽の場合）

IF関数の引数「論理式」には、判定したい条件の式を、下の表のような比較記号を使って指定する。条件を満たす場合は「真の場合」の処理を、満たさない場合は「偽の場合」の処理をそれぞれ行う※。

●「条件式」に使う比較記号

=	~に等しい	>	～より大きい	>=	～以上
<>	~に等しくない	<	～より小さい	<=	～以下

※Office365では「真の場合」は「値が真の場合」に、「偽の場合」は「値が偽の場合」に、それぞれ引数名が異なるが、使い方は同様だ。

を指定し、その条件を満たす場合は「真の場合」の処理を、満たさない場合は「偽の場合」の処理をそれぞれ行います。

では、D3セルに入力するIF関数の式の内容を、順に見ていきましょう。

最初の引数「論理式」には、「C3>=6500000」と指定します。条件の内容を表す「論理式」では、このように「**条件を判定するセル番地＋比較記号＋比較したい数値**」の順に内容を組み合わせます。

条件判定に使うのは、売上金額が入力されたC3セルですね。その後に指定した「>=」は、185ページの表で紹介している比較記号の一つで「以上」を表します。それに続けて「6500000」と数値を入力すれば、「C3セルの数値が650万以上である」と

IF関数で「金額が650万円以上かどうか」を判定する

	A	B	C	D	E	F	G	H
1	商品別売上							
2	商品コード	商品名	売上金額	判定				
3	MA001	マッスルパートナー	6,179,250					
4	MA002	ピタキタゴールド	6,183,520					
5	SA001	コラコーラ	8,218,800	達成				
6	SA002	ウィルキントン	8,183,890	達成				
7	SA003	すっぱレモン	6,290,400					

=IF(C3>=6500000,"達成","")

論理式　真の場合　偽の場合

条件→論理式

C3セルが6500000以上である

満たす→真の場合

「達成」と表示する

満たさない→偽の場合

何も表示しない

D3セルに上のようなIF関数の式を入力すると、C3セルの数値が650万以上ならば「達成」と表示され、そうでない場合はセルに何も表示されなくなる。それぞれの引数の内容を理解しよう。

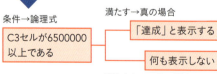

いう条件の出来上がりです。

残る二つの引数「真の場合」と「偽の場合」では、この**「論理式」の条件を満たす場合と満たさない場合に、それぞれどう対処するか**を指定します。

「真の場合」に指定した「"達成"」とは、「セルに『達成』という文字を表示する」という意味です。このように、**セルに何らかの文字列を表示したい場合は、その文字列を半角ダブルクォーテーション「"」で囲んで指定する**のが決まりです。このルールはSUMIFやCOUNTIF、CONCATENATEなどの関数で、もう皆さんもおなじみですね。

なお、引数「偽の場合」には、**「""」と半角ダブルクォーテーションが二つ続けて入力**

IF関数を入力する（手順1）

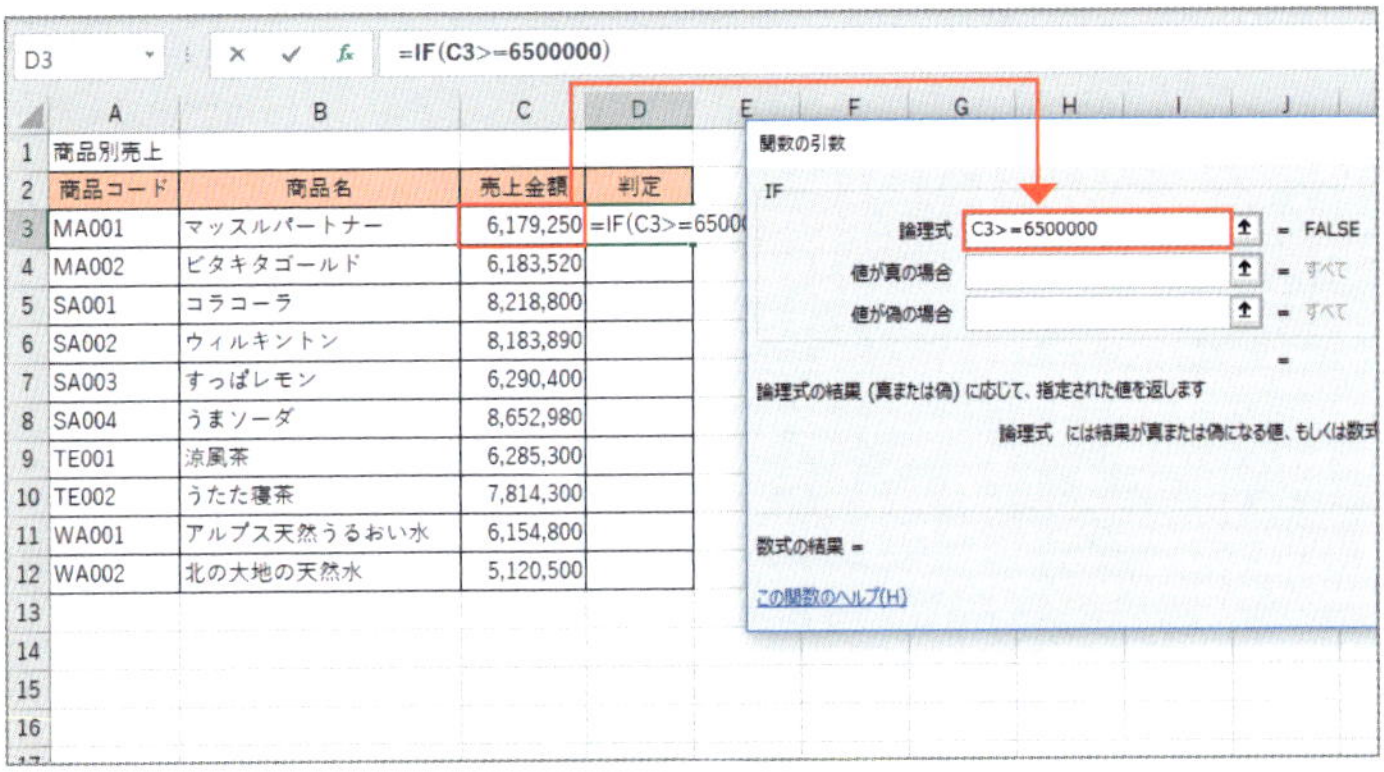

D3セルを選んで、37ページの手順でIF関数の「関数の引数」画面を開いたら、「論理式」欄に「C3>=6500000」と入力する。「C3」の部分はセルをクリックして入力しよう。

次ページへ続く

IF関数を入力する（手順2〜3）

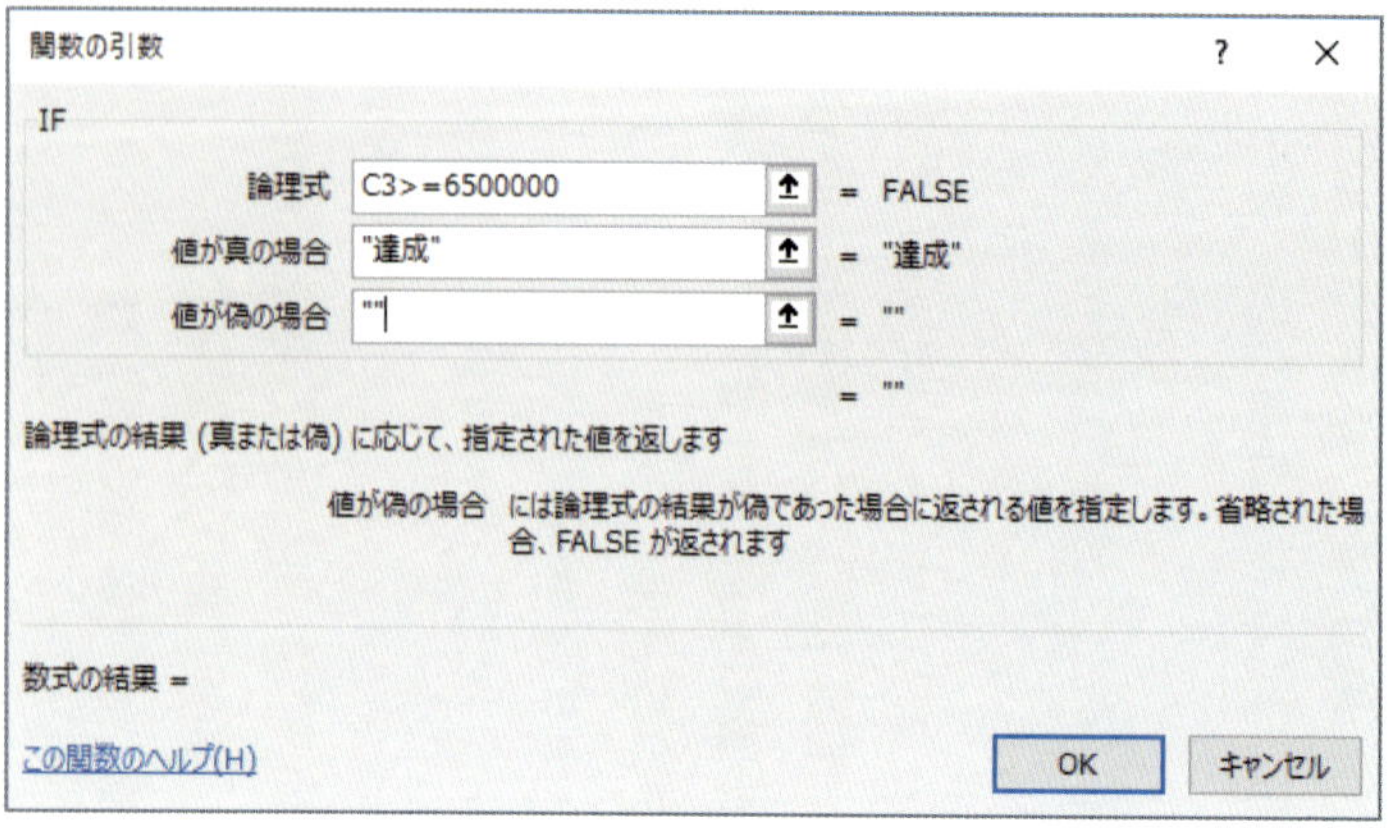

「値が真の場合」欄に「"達成"」と入力し、「値が偽の場合」欄に「""」（半角のダブルクォーテーション二つ）を入力して、「OK」をクリックする。

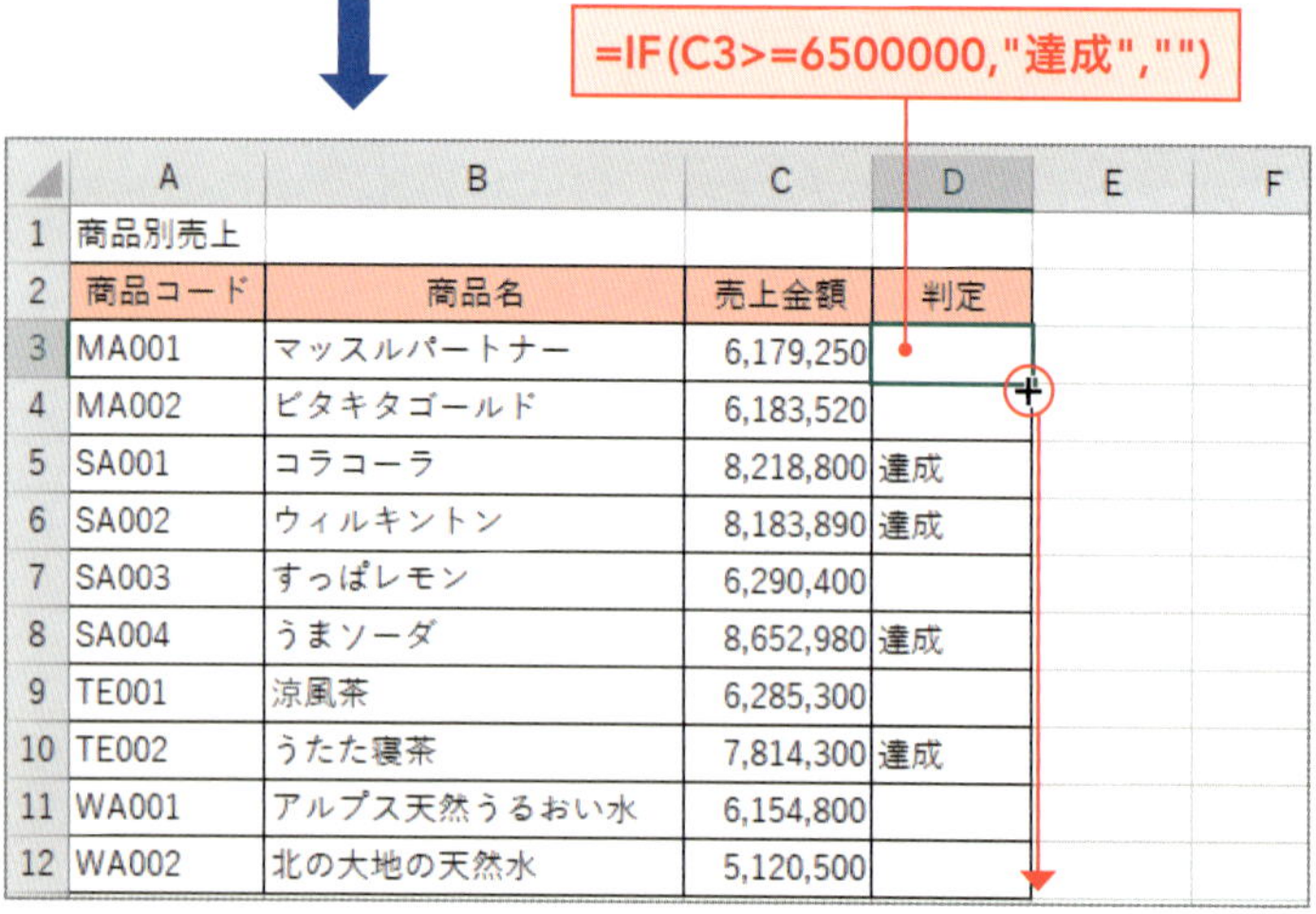

	A	B	C	D	E	F
1	商品別売上					
2	商品コード	商品名	売上金額	判定		
3	MA001	マッスルパートナー	6,179,250			
4	MA002	ビタキタゴールド	6,183,520			
5	SA001	コラコーラ	8,218,800	達成		
6	SA002	ウィルキントン	8,183,890	達成		
7	SA003	すっぱレモン	6,290,400			
8	SA004	うまソーダ	8,652,980	達成		
9	TE001	涼風茶	6,285,300			
10	TE002	うたた寝茶	7,814,300	達成		
11	WA001	アルプス天然うるおい水	6,154,800			
12	WA002	北の大地の天然水	5,120,500			

D3セルにIF関数の式が入力された。オートフィル操作で下のセルにその式をコピーすれば、ほかの金額欄も650万以上かどうかが判定され、評価がセルに表示される。

されています。これは「**セルには何も表示せず、空欄のままにしておく**」という指定になります。

以上の内容を組み合わせれば、「**C3セルの金額が650万以上なら『達成』と表示し、そうでない場合は何も表示しない**」というIF関数の式が完成します。

IF関数を入力する細かい手順は187〜188ページを参考にしてください。関数の入力とコピーの操作が問題なく終わると、C列の金額が650万以上である商品ではD列のセルに「達成」という文字が表示されます。

余談ですが、関数の結果がセルに表示されることを「返す」と表現します。この「返す」という言葉は、今日子さんの言うように「エクセルが返事をする」と考えるとイメージしやすくなりますね。つまり、エクセルが「目標を『達成』したよ」と返事をしてくれたわけです。

まとめ

①IF関数を使うと、指定した条件を満たすかどうかを判定して、セルに表示する内容を切り替えたり、別々の処理をさせたりすることができる。

②IF関数では、「論理式」、「真の場合」、「偽の場合」という三つの引数を指定する。

「A」「B」「C」の三つの評価に振り分ける～IF関数のネスト～

IFを組み合わせて3通りの判定を表示

IF関数の基本が理解できたところでレベルアップをしてみましょう。

191ページにある商品別売上の一覧表では、D列に「A」、「B」、「C」という3通りの判定が見えますね。D列には、**C列の売上金額が800万円以上なら「A」、700万円以上800万円未満なら「B」、700万円未満なら「C」と表示**して、三つのランクに分けた評価を求めています。

185ページのIF関数では、「C列の金額が650万円以上なら『達成』と表示し、そうでない場合、つまり650万円未満なら何も表示しない」のどちらかに対処を分けました。

このように二択の場合は、IF関数の引数「真の場合」と「偽の場合」にそれぞれの場合の指示をすればいいのですが、三択になった場合はどうすればいいでしょう？

こんなときはIF関数の中にもう一つIF関数を入れ子にする「**ネスト**」という方法を使います。

金額の大きさにより「A」、「B」、「C」と三つの評価を付ける

	A	B	C	D	E
1	商品別売上				
2	商品コード	商品名	売上金額	判定	
3	MA001	マッスルパートナー	6,179,250	C	
4	MA002	ビタキタゴールド	6,183,520	C	
5	SA001	コラコーラ	8,218,800	A	
6	SA002	ウィルキントン	8,183,890	A	
7	SA003	すっぱレモン	6,290,400	C	
8	SA004	うまソーダ	8,652,980	A	
9	TE001	涼風茶	6,285,300	C	
10	TE002	うたた寝茶	7,814,300	B	
11	WA001	アルプス天然うるおい水	6,154,800	C	
12	WA002	北の大地の天然水	5,120,500	C	
13					
14					
15					
16					
17					
18					
19					

●判定の基準

売上金額	判定
800万以上	A
700万以上800万未満	B
700万未満	C

C列の売上金額が800万円以上なら「A」、700万円以上800万円未満なら「B」、700万円未満なら「C」という3通りの判定をD列に表示したい。こんな場合はIF関数の中にIF関数をネストしよう。

「ネスト」とは、**関数の引数に別の関数を指定すること**を言います。

193ページの下の図では、赤枠のIF関数の引数「偽の場合」に、青枠のIF関数がすっぽり入っていますね。これがIF関数の中に別のIF関数がネストされた状態です。これでどうして3通りの評価を表示できるのかを見ていきましょう。なお、IF関数をネストすると、引数「論理式」を二つ指定するため、ここでは「論理式1」、「論理式2」と呼んで区別します。

式は左から判定されます。まず、赤枠のIF関数の引数「論理式1」に「**C3>=8000000**」と入力し、「C3セルの数値が800万以上である」という条件を設定します。これを満たす場合はAランクなので、引数「真の場合」には「**"A"**」と指定します。

さて、ここからがポイントです。「論理式1」を満たさない場合、つまりC3セルの金額が800万円未満の時は、ランク「B」か「C」のどちらかになりますね。これを判定するには、「偽の場合」の引数にもうひとつIF関数を入力して、「論理式2」に「**C3>=7000000**」と入力します。

これは、「C3セルの数値が700万以上である」という条件です。「論理式2」を満たす売上金額は、同時に「論理式1」を満たしていないため、「700万以上800万未満」の金額になります。これはBランクなので「真の場合」に「**"B"**」と指定します。一方、「論理式2」を満たさない金額は、おのずと「700万未満」になるため、「偽の場合」には「**"C"**」と指定すればいいわけです。

最終的にセルに入力される数式は「**=IF(C3>=8000000,"A",IF(C3>=7000000,"B",**

IF関数をネストして三つの評価に分ける

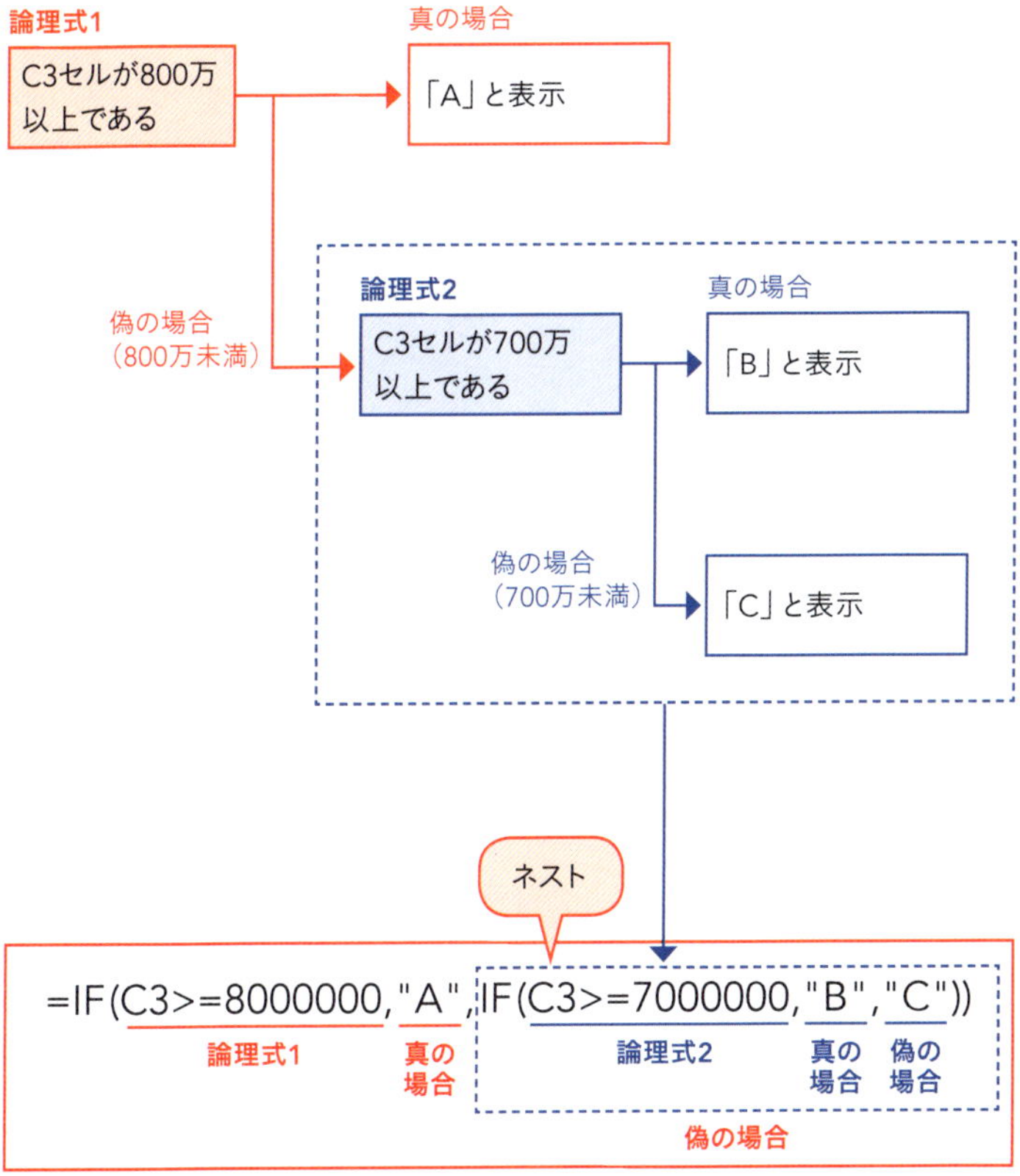

「関数のネスト」とは、ほかの関数の引数に関数の式をすっぽり入れてしまうこと。IF関数で3通りに判定を表示するには、IF関数の引数「偽の場合」に、青枠のようなIF関数の式をネストすればいい。「論理式1」、「論理式2」の順に判定が行われて、「A」「B」「C」のいずれかの評価が表示される。

"C"))」となります。これで結果的に800万円以上なら「A」、700万円以上800万円未満なら「B」、700万円未満なら「C」と表示する三つの評価に分けられます。

エクセルでは、関数のネストは64階層まで指定できるので、同じ要領で引数「偽の場合」にさらにIF関数を追加すれば、4通り以上の評価を表示することもできます。ただし、今日子さんが忠告していたように、複雑になりすぎるのであまり階層を深くするのは考えものです。**ネストは一読して理解できる範囲**で使いましょう。

IF関数のネストを入力する

仕組みが理解できたら、ネストしたIF関数の式を入力しましょう。D3セルを選んで、193ページの式を直接キーボードから入力してもかまいませんが、手入力では入力ミスがあると即座にエラーになってしまいます。

そこで**「関数の引数」画面を使って、IF関数を安全にネストする**方法を195ページ以降で紹介しています。少し手間がかかりますが、この方法なら**記号類はエクセルが自動的に追加してくれる**ため、エラーになる確率はグンと下がります。

まず、ネストの外側にあるIF関数（193ページの図の赤枠部分）から始めましょう。D3セルを選んでIF関数の「関数の引数」画面を開き、「論理式」に「C3>=8000000」、「値が真

引数「偽の場合」にIF関数をネストする（手順1～3）

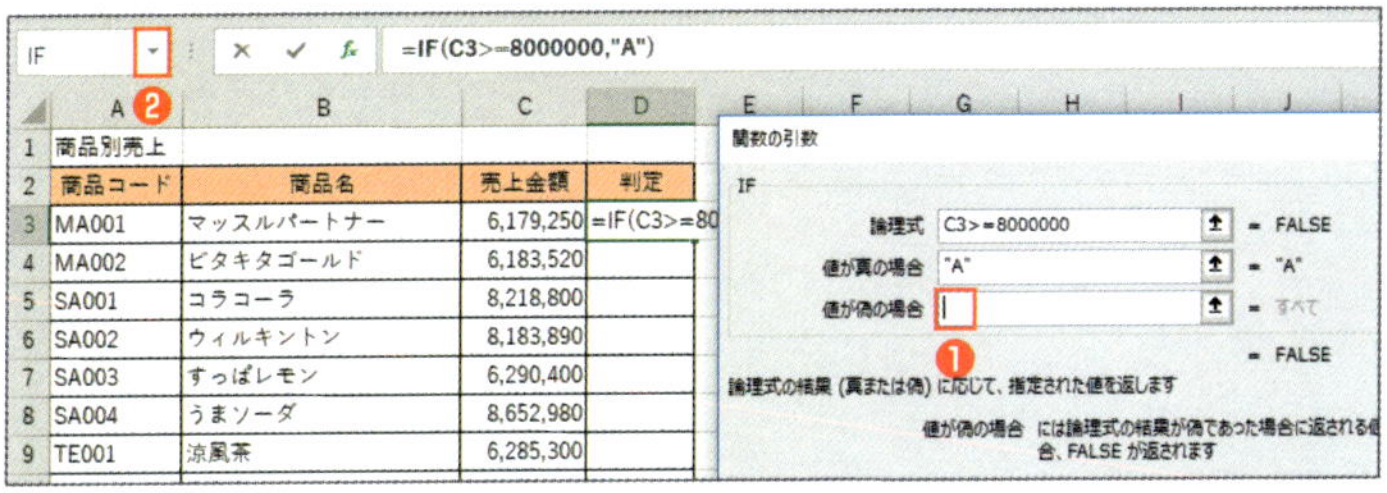

D3セルを選んでIF関数の「関数の引数」画面を開き、「論理式」に「C3>=8000000」、「値が真の場合」に「"A"」と入力しておく。❶「値が偽の場合」欄をクリックして❷数式バー左端の▼をクリック。

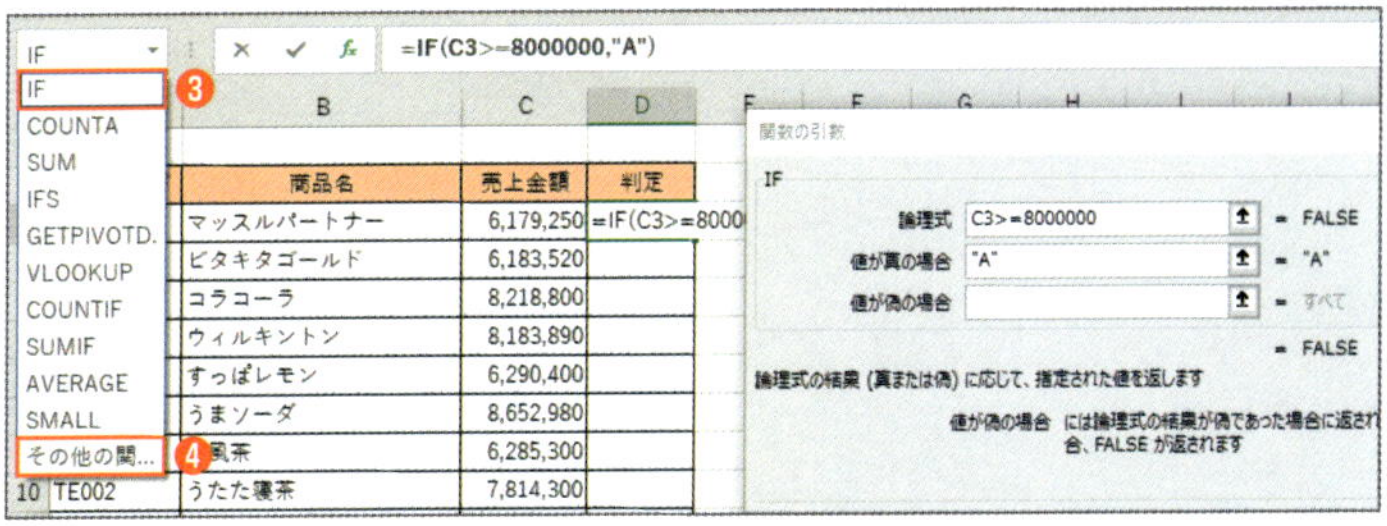

すると、よく使う関数の一覧が表示される。ここで❸IFがあればそれをクリックする。（ない場合は❹「その他の関数」をクリックし、37ページの手順でIFをもう一度選択する。）

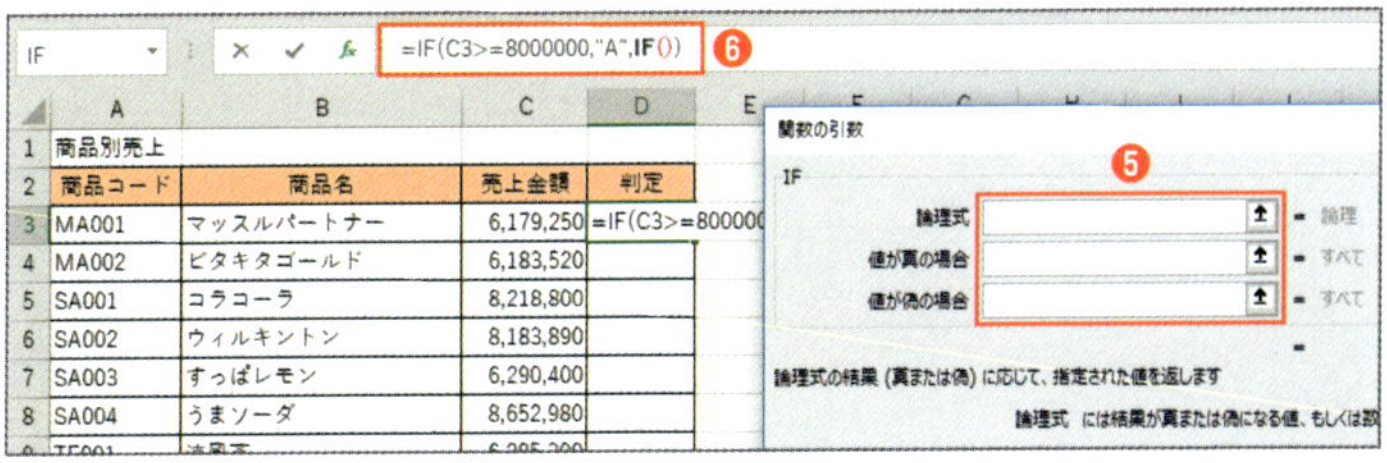

❺「関数の引数」画面が二つ目のIF関数の内容になるため、すべて空欄になる。このとき❻数式バーには一つ目のIF関数で指定した内容が残っているので慌てないこと。

引数「偽の場合」にIF関数をネストする（手順4～5）

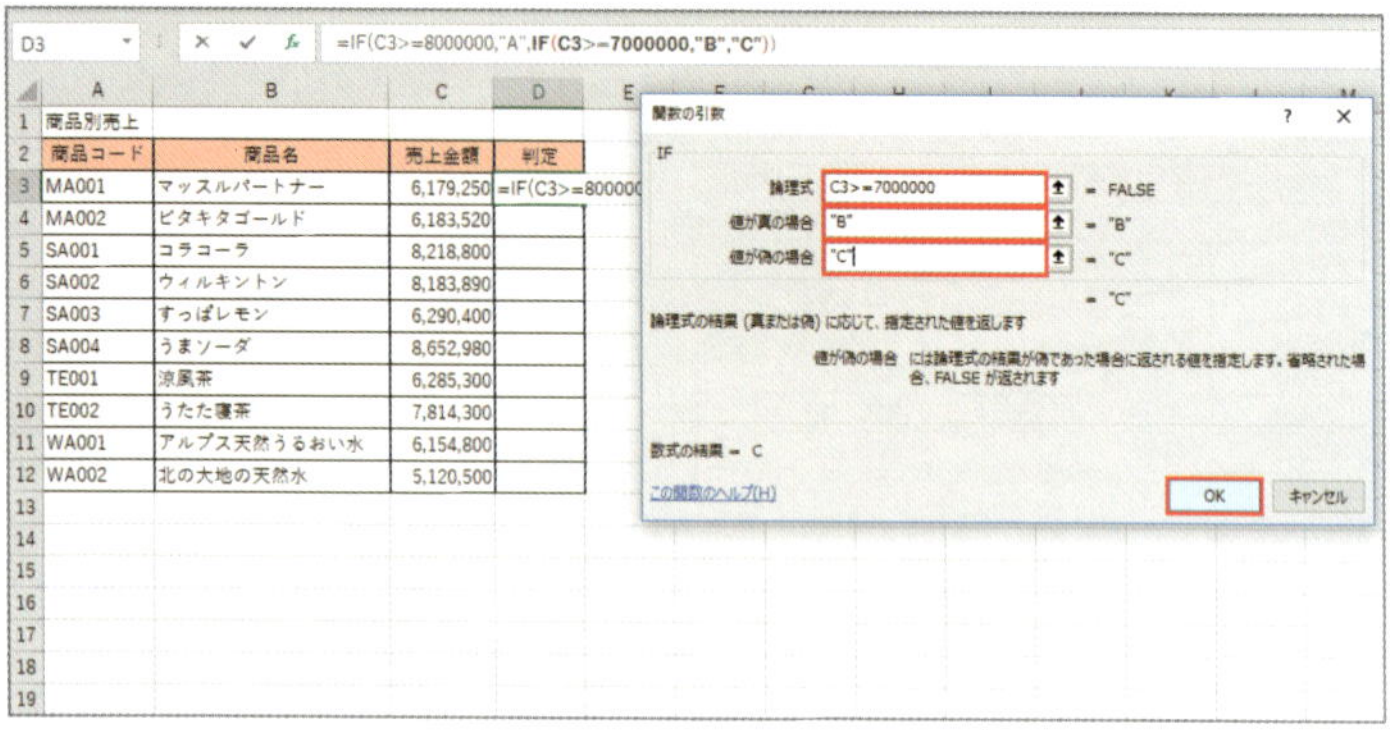

「論理式」に「C3>=7000000」、「値が真の場合」に「"B"」、「値が偽の場合」に「"C"」と入力し、「OK」をクリックする。

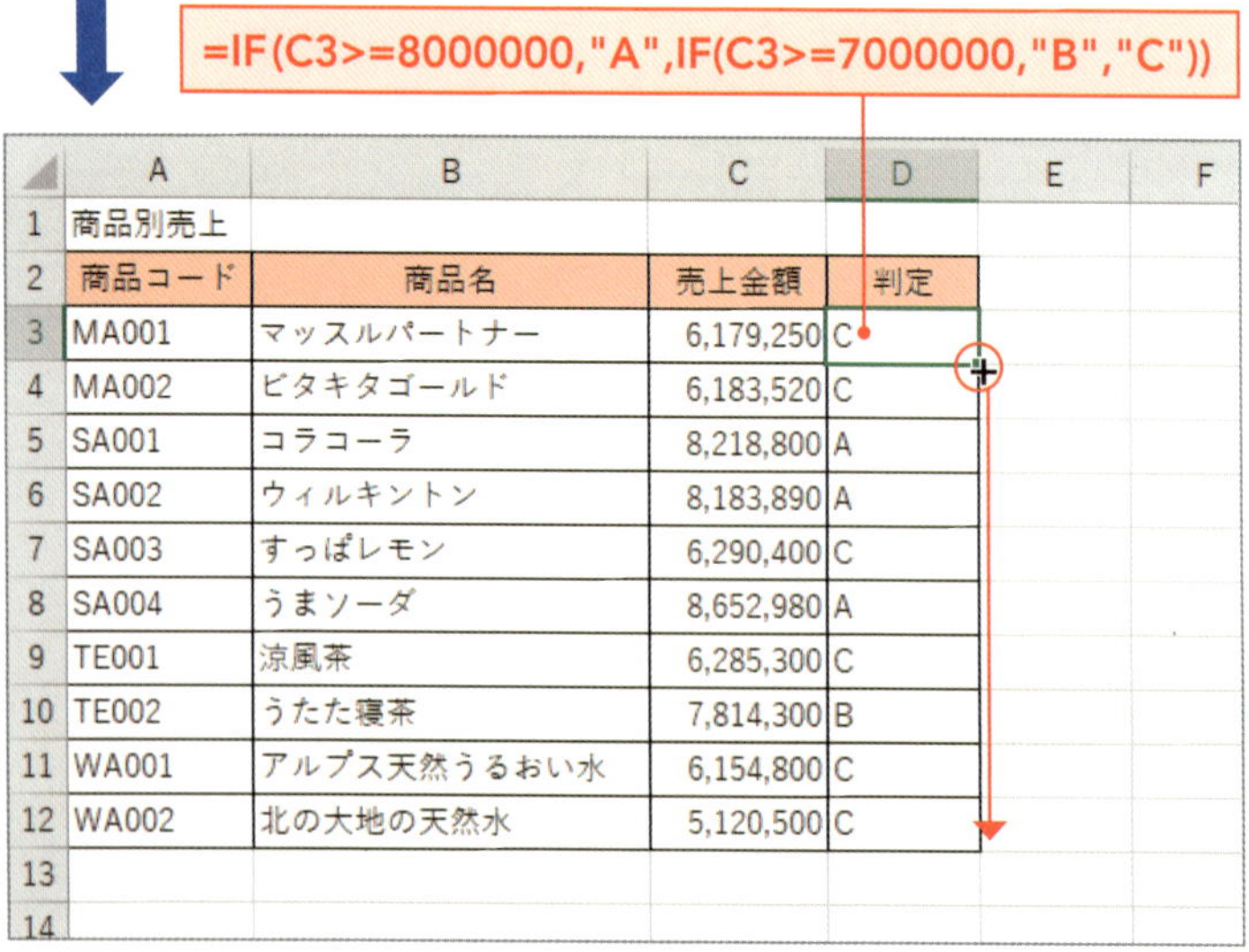

D3セルにIF関数の式が入力され、判定が「C」と表示される。オートフィル操作で下のセルにも数式をコピーすれば、ほかの金額欄の3段階評価がセルに表示される。

の場合」に「"A"」と引数を指定したら、「値が偽の場合」欄をクリックしてカーソルを移してから、数式バーの左端にある▼をクリックします。

すると、使用頻度の高い関数が一覧表示されます。ここから**関数名を選ぶと、その関数をネストできる**仕組みなので、ここで「ＩＦ」を選びましょう。「ＩＦ」が見当たらない場合は、一番下の「その他の関数」をクリックすると、37ページの「関数の挿入」画面が開くので、ここから「ＩＦ」を指定できます。

これで「関数の引数」画面が、ネストしたＩＦ関数（１９３ページの青枠部分）の入力に切り替わります。いったんすべての引数欄が空になるので一瞬不安になりますが、**数式バーを見れば、指定した内容がちゃんと残っている**ことがわかります。慌てずに操作を続けましょう。

あとは、ネストしたＩＦ関数の引数を順に指定して、最後に「ＯＫ」をクリックすれば、ＩＦの中にもう一つＩＦが入った関数の式が入力されます。

まとめ

①関数の引数に関数を指定して、関数を入れ子にすることを「ネスト」という。
②ＩＦ関数の引数にもう一つＩＦ関数を入力すると、３通りの評価をセルに表示させることができる。

エラーの代わりに「対象外」と表示する〜IFERROR関数〜

セルに「#VALUE!」と表示された!

最後にIFの付く関数をもう一つ紹介しましょう。その名も**IFERROR（イフエラー）関数**です。「IF」（もしも）と「ERROR」（エラーになる）という二つの英語から想像できるように、IFERROR関数は「**もしエラーが出たら○○とセルに表示する**」という指示を出す関数なのです。

この関数は、表を資料として人に渡す際に活躍します。第三者に見せる資料では、セルに出たエラー表示をそのままにしておくと印刷した際に体裁が悪いですよね。そこで、エラーの代わりに表示させる言葉を指定できるのがIFERROR関数です。

199ページの上の表では、D列に「#VALUE!」というエラー表示のセルがありますね。なぜこんな表示が出るのかというと、D列のセルには、C列に入力された売上金額を元に計算式で目標達成率を求めているためです。

エラー値がセルに表示されないようにしたい

	A	B	C	D
1	商品別売上			
2	商品コード	商品名	売上金額	目標達成率
3	MA001	マッスルパートナー	6,179,250	95.1%
4	MA002	ビタキタゴールド	6,183,520	95.1%
5	SA001	コラコーラ	8,218,800	126.4%
6	SA002	ウィルキントン	販売なし	#VALUE!
7	SA003	すっぱレモン	6,290,400	96.8%
8	SA004	うまソーダ	8,652,980	133.1%
9	TE001	涼風茶	販売なし	#VALUE!
10	TE002	うたた寝茶	7,814,300	120.2%
11	WA001	アルプス天然うるおい水	6,154,800	94.7%
12	WA002	北の大地の天然水	5,120,500	78.8%
13				

	A	B	C	D
1	商品別売上			
2	商品コード	商品名	売上金額	目標達成率
3	MA001	マッスルパートナー	6,179,250	95.1%
4	MA002	ビタキタゴールド	6,183,520	95.1%
5	SA001	コラコーラ	8,218,800	126.4%
6	SA002	ウィルキントン	販売なし	対象外
7	SA003	すっぱレモン	6,290,400	96.8%
8	SA004	うまソーダ	8,652,980	133.1%
9	TE001	涼風茶	販売なし	対象外
10	TE002	うたた寝茶	7,814,300	120.2%
11	WA001	アルプス天然うるおい水	6,154,800	94.7%
12	WA002	北の大地の天然水	5,120,500	78.8%
13				

C列の売上金額に数値が入力されていないセルでは、D列の目標達成率の計算ができないため、上の例のようにエラー表示が出てしまう。これを防いで下の例のように「対象外」と表示するようにしたい。これにはIFERROR関数を使おう。

199ページの例では、目標額を650万と設定して、D列にその目標をどの程度達成できたかを「C列の金額÷6500000」という計算式で求めています。ところが、C6セルとC9セルには「販売なし」という文字列が入力されていますね。このように数値以外のデータが入力されていると計算自体ができないためD6、D9の二つのセルには、「#VALUE!」というエラー値が表示されてしまうのです。

こんなときは、IFERROR関数を指定して、**エラーの場合は「対象外」とセルに表示されるよう設定**しておくと、見た目にもスマートです。これなら堂々と印刷できますね。

IFERRORを使ってエラー表示を出さないようにする

IFERROR関数では、「値」と「エラーの場合の値」の二つの引数を指定します。「値」には、**判定したい計算式をそのまま入力**します。199ページの図でD3セルにIFERROR関数を入力する場合は、売上達成率を求める「C3/6500000」という式を「値」に指定します。これでこの式の結果がエラーにならない場合は、計算結果がセルに表示されます。

一方、「エラーの場合の値」には、「値」に指定した計算式の結果がエラーになる場合に、**エラー表示の代わりにセルに表示したい文字列を指定**します。ここでは「対象外」と表示したいので、これを半角ダブルクォーテーション「"」で囲んで「"対象外"」と指定するわけですね。

目標達成率がエラーの場合「対象外」と表示

●エラーの場合のセルの表示を決める

=IFERROR（値，エラーの場合の値）

IFERROR関数は、エラーの場合のセルの表示を指定できる。「値」には計算式を設定し、「エラーの場合の値」には、その計算がエラーになる場合にセルに表示したい文字列を半角「"」で囲んで指定する。

=IFERROR(C3/6500000,"対象外")

値　エラーの場合の値

	A	B	C	D	E
1	商品別売上				
2	商品コード	商品名	売上金額	目標達成率	
3	MA001	マッスルパートナー	6,179,250	95.1%	
4	MA002	ビタキタゴールド	6,183,520	95.1%	
5	SA001	コラコーラ	8,218,800	126.4%	
6	SA002	ウィルキントン	販売なし	対象外	
7	SA003	すっぱレモン	6,290,400	96.8%	
8	SA004	うまソーダ	8,652,980	133.1%	
9	TE001	涼風茶	販売なし	対象外	
10	TE002	うたた寝茶	7,814,300	120.2%	
11	WA001	アルプス天然うるおい水	6,154,800	94.7%	
12	WA002	北の大地の天然水	5,120,500	78.8%	
13					
14					
15					
16					

各商品の売上目標が一律650万円のとき、目標達成率を求める数式は「＝売上金額/6500000」となる。D列にIFERROR関数を入力して、この計算結果がエラーにならない場合は計算をそのまま行い、エラーになる場合はセルに「対象外」と表示するように設定しよう。

IFERROR関数を入力する

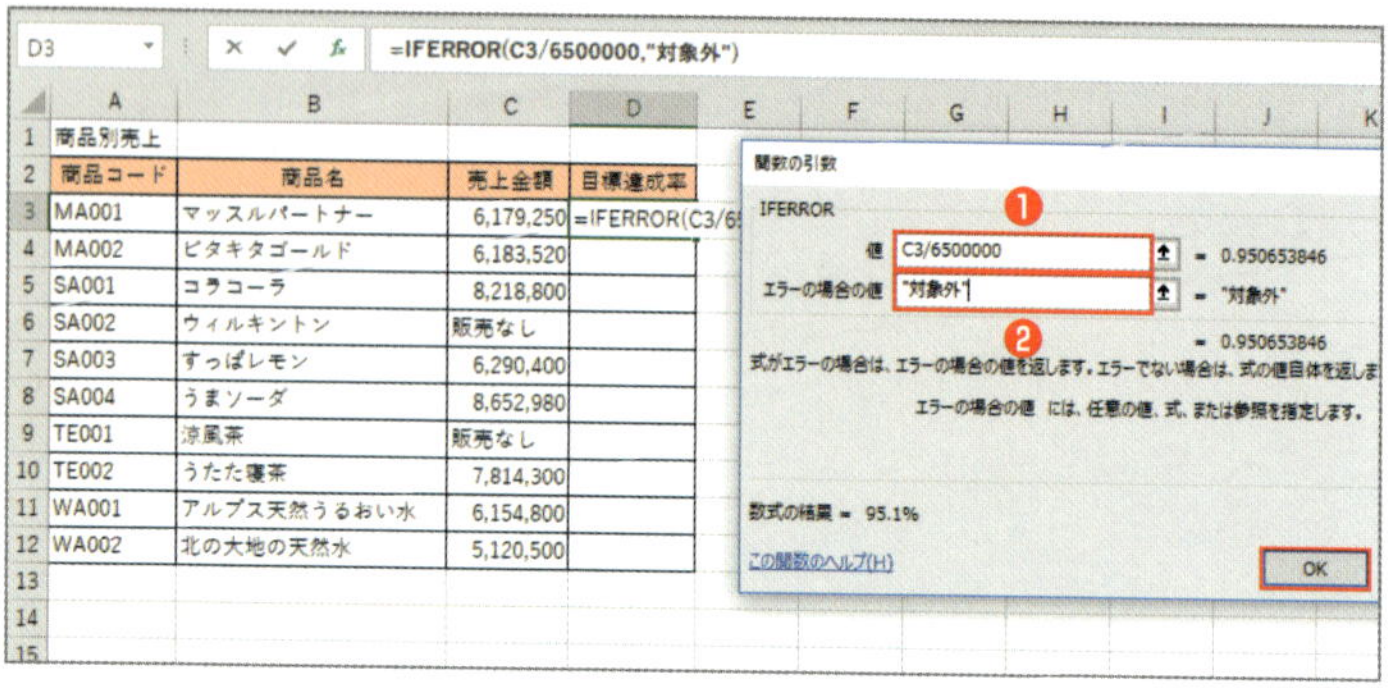

D3セルを選んで、37ページの手順でIFERROR関数の「関数の引数」画面を開く。❶「値」欄に「C3/6500000」と入力し、❷「エラーの場合の値」欄に「"対象外"」と入力して、「OK」をクリックする。

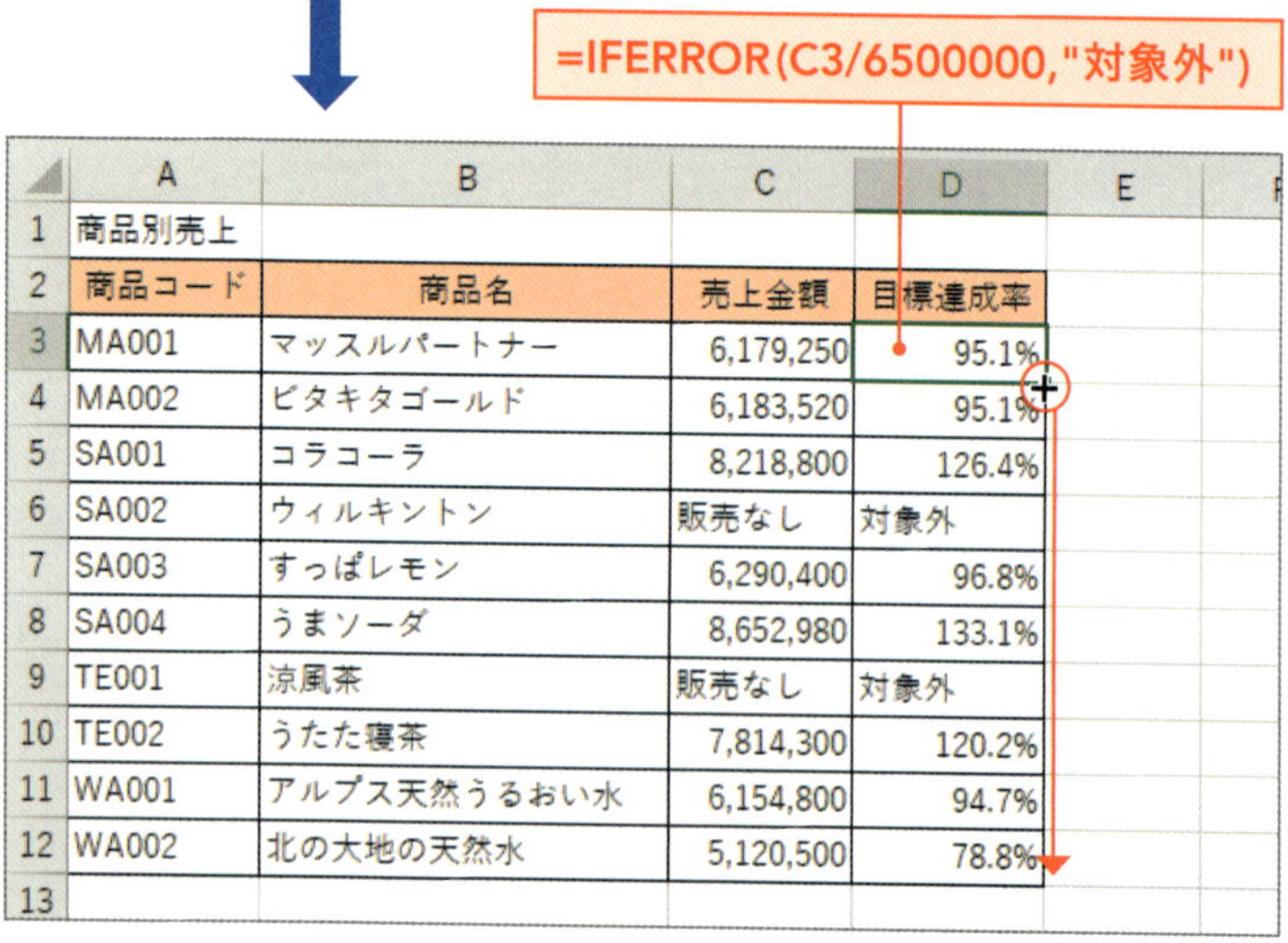

D3セルにIFERROR関数の式が入力されたら、オートフィル操作で下のセルにもその式をコピーする。これで、ほかの商品の目標達成率が表示され、計算結果がエラーになるセルには「対象外」と表示される。

実際にこのIFERROR関数を入力する手順は202ページのようになります。D3セルに「**=IFERROR(C3/6500000,"対象外")**」という式を入力後、下のセルにコピーすれば、計算結果が順に表示されます。そして本来ならエラーになってしまうD6、D9の二つのセルには、エラー値の代わりに「対象外」という文字列が表示されます。

これなら、C列の内容と照らし合わせたときに「販売自体がない商品は目標達成率を求める対象ではない」とする意図が、資料を見た人にも伝わります。エラーが表示されたままの状態に比べて、スマートで内容を理解しやすい表になりますね。

これで関数レッスンは終了です。いかがでしたか？　関数を活用すれば、「**さまざまな計算をすばやく行える**」、「**効率よく入力や編集ができる**」、「**スマートでわかりやすい表に加工できる**」といったたくさんのメリットがありましたね。麻衣さんとともに一回り大きく成長した皆さんの今後のご活躍に心からのエールを送ります。

まとめ

①IFERROR関数を使うと、計算が正しく行われないセルにエラーが表示されてしまうのを防ぐことができる。

②IFERROR関数では、「値」、「エラーの場合の値」という二つの引数を指定する。

数年後――
Goodrinko
新人研修
俺数字って苦手なんだよなぁ
私も～
そもそもエクセルって必要なの？
頭いた…
わかる電卓とワードで充分じゃね？
プルプル
アハハ
二人とも何言ってるの!!
ビクッ
エクセルはね神ソフトなのよ！

ええ!?
え
江尻先輩
…??
どうしたんですか
突然……!?
バッ
時短もできて
超有能
こんなに
かわいらしい
ソフト
他にある?
じろっ
くど
くど
麻衣
成長したわね
フフ…
やるの?
やらないの?
じろっっ
ひぃぃぃっ
頑張ります…!!

索引

子

スのテクニカルライター。大手電機メーカーのソフトウェア
にてマニュアルの執筆、編集に携わる。その後、PCインス
ー、編集プロダクション勤務を経て独立。現在は、主に
soft Officeを中心としたIT書籍の執筆、インストラクションで
。著書に『速効!図解 Excel2016総合版』、『マンガで学ぶエク
[Excel]』、『マンガで学ぶはじめてのエクセル』(小社刊)など。
tps://www.itolive.com

シナリオ

秋内 常良

東京都稲城市出身。慶應義塾大学卒業後、演劇活動のかたわら映像制作業を開始。小説コンテストの新人賞入賞を機に執筆活動も開始。『マンガでわかる考えすぎて動けない人のための「すぐやる!」技術』(日本実業出版社刊)など、ビジネスコミックのシナリオも多数執筆。

マンガ

サノマリナ

漫画編集プロダクションでの編集、ライター業務を経て漫画家に。作画を担当した作品は『マンガでやさしくわかるNLP』(日本能率協会マネジメントセンター刊)、『マンガでよくわかる エッセンシャル思考』(かんき出版刊)、『マンガで学ぶエクセル [Excel]』(小社刊)ほか多数。

マンガ制作

株式会社トレンド・プロ

1988年創業のマンガ制作会社。マンガに関わるあらゆる制作物の企画・制作・編集を行う。『まんがでわかる 伝え方が9割』(ダイヤモンド社刊)ほか、ビジネスコミックの制作実績多数。

お問い合わせ

本書の内容に関する質問は、下記のメールアドレスおよびファクス番号まで、書籍名を明記のうえ書面にてお送りください。電話によるご質問には一切お答えできません。また、本書の内容以外についてのご質問についてもお答えすることができませんので、あらかじめご了承ください。なお、質問への回答期限は本書発行日より2年間(2021年3月まで)とさせていただきます。

メールアドレス:
pc-books@mynavi.jp
ファクス:03-3556-2742

STAFF

装丁・本文デザイン　吉村 朋子
DTP　富 宗治

マンガで学ぶエクセル 関数

2019年　3月21日　初版1刷発行
2021年10月20日　初版2刷発行

著者　木村 幸子(著者・監修)、
秋内 常良(シナリオ)、サノマリナ(マンガ)、トレンド・プロ(マンガ制作)

発行者　滝口 直樹

発行所　株式会社 マイナビ出版
〒101-0003　東京都千代田区一ツ橋2-6-3　一ツ橋ビル 2F
TEL:0480-38-6872(注文専用ダイヤル)
TEL:03-3556-2731(販売部)
TEL:03-3556-2736(編集部)
編集部問い合わせ先:pc-books@mynavi.jp
URL:https://book.mynavi.jp

印刷・製本　図書印刷 株式会社

ISBN978-4-8399-6678-2